New Media 新媒体·新传播·新运营 系列丛书

Premiere

短视频制作实例教程 全彩慕课版

李彩玲 / 主编　王赟 黄小玉 / 副主编

人民邮电出版社
北京

图书在版编目（CIP）数据

Premiere短视频制作实例教程 ：全彩慕课版 / 李彩
玲主编. -- 北京 ：人民邮电出版社，2022.6
（新媒体·新传播·新运营系列丛书）
ISBN 978-7-115-59090-9

Ⅰ. ①P… Ⅱ. ①李… Ⅲ. ①视频编辑软件—教材
Ⅳ. ①TN94

中国版本图书馆CIP数据核字(2022)第056738号

内 容 提 要

本书立足于行业应用，以案例为主导，以技能提升为核心，系统而深入地介绍短视频制作的流程、方法与技巧。全书共9章，主要内容包括认识短视频、Premiere短视频剪辑快速入门、Premiere短视频精剪、制作网店商品短视频、制作旅拍短视频、制作美食短视频、制作产品广告短视频、制作宣传片短视频，以及制作微电影等。

本书内容新颖，案例丰富，既适合有意从事短视频创作工作或对短视频后期制作感兴趣的新手阅读，也适合拥有一定短视频创作经验，想要进一步提升短视频创作技能的从业人员阅读，还可作为本科院校、职业院校相关专业的教学用书。

◆ 主　　编　李彩玲
　　副 主 编　王　赟　黄小玉
　　责任编辑　连震月
　　责任印制　王　郁　彭志环
◆ 人民邮电出版社出版发行　　北京市丰台区成寿寺路 11 号
　　邮编　100164　电子邮件　315@ptpress.com.cn
　　网址　https://www.ptpress.com.cn
　　北京捷迅佳彩印刷有限公司印刷
◆ 开本：700×1000　1/16
　　印张：14.5　　　　　　　　2022 年 6 月第 1 版
　　字数：318 千字　　　　　　2024 年 12 月北京第 7 次印刷

定价：69.80 元
读者服务热线：**(010)81055256** 印装质量热线：**(010)81055316**
反盗版热线：**(010)81055315**
广告经营许可证：京东市监广登字 20170147 号

前言 |
Preface

　　短视频因其时长短、内容集中、表现力强，能够满足观众碎片化的观看需求和个性化、视频化的表达意愿与分享需求，逐渐成为当今社会娱乐的主要形式。随着短视频产业政策引导规范化、行业活跃用户规模趋稳、内容生态逐步成熟，短视频产业已经告别野蛮生长，进入成熟发展期，成为新媒体时代迅速发展的流量高地之一。

　　互联网用户对短视频质量的要求逐步推动了短视频内容消费结构的变化，短视频内容创作正在向"专精化"的方向发展，短视频产业正在从满足情感需求的单一价值阶段走向知识技能分享、信息资讯传播、文化传承等多元价值阶段，这也对短视频创作提出了更高的要求。

　　短视频创作者要想创作出令人惊艳的短视频作品，除了需要把控好前期拍摄中的景别、拍摄角度、构图、光线、运镜之外，后期剪辑也不容忽视。因为前期拍摄的只是一些零散或分离的素材，只有后期对素材进行剪辑制作，才能形成具有情节与节奏的短视频作品，更加鲜明地表现短视频的主题，给用户带来强烈的视觉冲击力。

　　在短视频制作领域，有很多移动端剪辑工具，如剪映、快影、乐秀、巧影、VUE等，但PC端的剪辑软件相对来说更专业，功能也更强大，可以实现很多移动端剪辑工具无法实现的功能。

　　在PC端短视频后期制作中，应用比较广泛的软件是Premiere。它是一款重量级的非线性视频编辑处理软件，提供素材采集、剪辑、调色、音频美化、字幕添加、输出等一整套流程，并与其他Adobe系列软件高效集成，能使用户轻松应对在短视频制作中遇到的各种挑战，满足用户制作高质量作品的要求。

　　本书以Premiere CC Pro 2019为基础，将Premiere的核心功能与短视频制作相结合，以实战案例的形式进行深入讲解。同时，本书引领读者从二十大精神中汲取砥砺奋进力量，并学以致用，以理论联系实际，推动新媒体行业高质量发展。

　　本书具有以下特色。

　　● 强化应用、注重技能培养。本书立足于行业应用，从网店商品短视频制作到旅拍短视频制作，从美食短视频制作到产品广告短视频制作，从宣传片短视频制作到微电影制作，所有的案例都突出了"以行业应用为主线，以技能素养为核心"的特点，体现了"导教相融、学做合一"的教学思想。

　　● 案例主导、学以致用。本书以大量短视频制作实战案例为主导，涵盖网店商品短视频、旅拍短视频、美食短视频、产品广告短视频、宣传片短视频、微电影等，针对性强，注重实践，可以帮助读者迅速学以致用。

前言
Preface

    ● 同步微课、全彩印刷。扫描封面的二维码，即可直接观看相应案例操作的慕课视频，既直观又生动，可以达到立竿见影的学习效果。此外，本书采用全彩印刷，版式精美，让读者在愉悦的阅读体验中快速掌握Premiere短视频制作技能。

    ● 图解教学、资源丰富。本书采用图解教学的形式，以图析文，让读者在实操过程中更直观、更清晰地掌握短视频后期制作的流程、方法与技巧。同时，本书还提供了丰富的PPT、教案、教学大纲、习题答案、案例素材等立体化的配套资源。任课教师可以登录人邮教育社区（www.ryjiaoyu.com）下载并获取相关教学资源。

    本书由李彩玲担任主编，由王赟、黄小玉担任副主编。尽管在编写过程中力求准确、完善，但书中难免有疏漏与不足之处，恳请广大读者批评指正。

编 者

2022年3月

目录
Contents

目录
Contents

目录|
　Contents
　|

目录
Contents

第1章
认识短视频

随着移动通信技术的发展和智能手机的普及，短视频已经融入人们的日常生活，成为人们记录、传播和交流的重要工具。不管是出于个人兴趣还是商业营销的需要，拍摄和创作短视频都是十分重要的技能。本章将引领读者认识短视频，熟悉短视频的制作流程。

【学习目标】

➢ 了解短视频的含义与特点。
➢ 了解短视频的发展历程与发展趋势。
➢ 了解短视频的类型。
➢ 掌握短视频的制作流程。

1.1 什么是短视频

短视频的火爆创造了内容营销时代新的流量风口，随着市场竞争格局趋于稳定，内容创作日益精细化，短视频的商业变现模式也逐渐成熟，而5G时代的到来也将为短视频打开更大的市场。要想抓住短视频的发展红利，首先要了解什么是短视频。

⤵ 1.1.1 短视频的含义

短视频即短片视频，是继文字、图片、传统长视频之后兴起的一种内容传播方式，其融合了文字、语音和视频等元素，能更加直观、立体地满足用户表达、沟通、展示与分享的诉求。

短视频一般是指时长在10分钟以内的视频，适合在移动状态和碎片时间观看。短视频的内容通常融合了多个主题，由于时长较短，可以单独成片，也可以成为系列栏目。

随着移动互联网的普及，人们的网络行为和习惯已经发生变化，呈现出碎片化的特点，喜欢看即时的、短小的信息，而这正好与短视频的特点契合。

随着移动终端的普及和网络的提速，短平快的大流量内容逐渐获得各大平台、粉丝和资本的青睐。第48次《中国互联网络发展状况统计报告》显示，截至2021年6月，我国短视频用户规模达8.88亿，占网民整体的87.8%。

⤵ 1.1.2 短视频的特点

与传统长视频相比，短视频具有以下特点。

1. 时长短，题材丰富

短视频的时长一般在10分钟以内，内容短小，注重在前几秒就抓住用户的注意力，节奏很快，内容紧凑、充实，方便用户直观地接收信息，符合碎片化时代用户的习惯。另外，短视频的内容题材丰富多样，涉及知识科普、幽默搞笑、时尚潮流、社会热点、广告创意、商业推广、街头采访、历史文化等领域，整体以娱乐性为主。

2. 制作门槛低，个性十足

与传统长视频相比，短视频在制作、上传和推广等方面更方便，制作门槛和成本较低。用户可以使用短视频制作充满个性和创造力的作品，以此来表达个人的想法和创意。短视频作品呈现出多元化的表现形式，例如通过运用具有动感的转场和节奏，或者加入幽默的内容，或者进行解说和评论，让短视频变得更加新颖、个性十足。

3. 社交属性强，传播迅速

短视频带有社交元素，是一种信息传递的新方式。用户在完成短视频制作以后，可以将短视频实时分享到社交平台，参与热门话题讨论。短视频的发布增强了用户在社交网络中的参与和互动，满足了用户的社交需求，所以很容易实现裂变式传播，增加短视频传播的力度，扩大短视频传播的范围。

4. 精准营销，高效销售

短视频具有指向性优势，可以帮助企业准确地找到目标用户，从而实现精准营销。

短视频平台通常会设置搜索框，对搜索引擎进行优化，目标用户在短视频平台中搜索关键词，会让短视频营销更加精准。

同时，短视频在用于营销时内容要丰富多样、价值高、观赏性强，只有符合这些标准，才能最大限度激发用户的兴趣，使用户产生购物的欲望。

另外，短视频可以添加商品链接，用户可以一边观看短视频，一边购买想要的商品。商品链接一般放置在短视频播放界面的下方，方便用户实现一键购买。

1.2 短视频的发展

下面主要从短视频的发展历程和发展趋势两方面来介绍短视频的发展。

1.2.1 短视频的发展历程

短视频的发展历程可以分为萌芽期、探索期、爆发期、优化期和成熟期。

1．萌芽期（2004—2011年）

在从2004年到2011年这长达8年的时间里，随着土豆、优酷、乐视、搜狐、爱奇艺等视频网站的相继成立及用户流量的持续增加，全民开始进入视频时代。尽管这些网站属于综合类视频网站，但它们为短视频的发展提供了良好的平台。

在此期间，视频网站上线了众多微电影，引起了热烈反响，这类自制的小成本微电影推动了视频创作的大众化，培养了人们自主制作视频的意识，为短视频行业的发展奠定了基础。

2．探索期（2012—2015年）

2011年3月，北京快手科技有限公司推出一款名为"GIF快手"的产品，用来制作、分享GIF图片。到了2012年11月，"GIF快手"转型为短视频社区，改名为"快手"，但它一开始并没有得到多少关注。2014年，随着智能手机的普及，短视频的拍摄与制作更加便捷，智能手机成为拍摄短视频的利器，人们可以随时随地拍摄与制作短视频。

伴随着无线网络技术的成熟，通过手机拍摄、分享短视频成为一种流行文化。美拍、秒拍在2014年迅速崛起。2015年，快手也迎来了用户数量的大规模增长。

由此可见，从2012年到2015年，尽管整个短视频行业仍处于探索期，但多个行业巨头迅速布局抢占先机，众多短视频App如雨后春笋般争相上线，这也预示着短视频行业即将进入爆发期。

3．爆发期（2016年）

2016年是短视频行业迎来爆发式发展的一年，各大公司合力完成了很多笔资金运作，短视频市场的融资金额更是高达50多亿元。随着资本和巨头的涌入，各类短视频App的数量激增，用户对媒介的依赖已经形成，平台和用户对优质内容的需求不断增加，这一年被称为"短视频元年"。

4．优化期（2017—2019年年初）

短视频行业的迅速成长，使参与者数量激增，视频内容泛滥。2018年7月，国家互联网信息办公室会同有关部门，针对网络短视频格调低下、价值导向偏离和低俗恶搞、盗版侵权、"标题党"突出等问题，对短视频行业进行集中整治。短视频行业逐渐朝着安全、规范的方向发展。

2019年1月初，中国网络视听节目服务协会发布《网络短视频平台管理规范》和《网络短视频内容审核标准细则》。这两份文件从机构把关和内容审核两个层面，为规范短视频传播秩序提供了切实依据，使短视频行业朝着良好的方向发展。

5. 成熟期（2019年至今）

从2019年开始，短视频行业从蓝海变为红海，随着短视频行业的成熟、规范化、白热化，无论是各大资本、商家还是普通用户，都不能盲目跟风入局，正确的做法是寻找新的机会，开拓新的领域，创造新的玩法，使变现模式、审核机制、垂直内容、分发渠道等更为成熟。

1.2.2 短视频的发展趋势

短视频的发展趋势主要体现在以下几个方面。

1. 市场规模将持续增长

随着短视频行业的进一步规范，以及短视频内容质量的进一步完善，短视频的商业价值会越来越高，市场规模也将维持高速增长的态势。

2. 时长限制逐渐放宽

短视频与长视频的时长界限渐趋模糊，短视频变长，长视频变短。抖音短视频从15秒扩展到1分钟、5分钟、15分钟甚至更长。而单集时长小于20分钟的微剧、微综艺、10分钟以内的微纪录片等日益增多。随着5G应用的落地，短视频在沉浸式视频、社交视频、交互式视频等方面将会有更大的发展。

3. MCN进一步发展壮大

MCN（Multi-Channel Network）即多频道网络，是一种新的"网红"经济运作模式，可以将其视为短视频达人的经纪公司。这种模式将不同类型的内容创作者联合起来，在资本的有力支持下，保障内容的持续输出，最终实现稳定变现。

目前，短视频行业的发展日趋成熟，平台补贴逐渐缩减，很多短视频创作者不得不加入实力雄厚且专业的MCN机构，以获得更多的资源和收益。MCN作为创作者、平台和广告主之间的中介，未来可以获得更有利的发展机会。

4. 深度挖掘用户价值

短视频行业已经进入成熟阶段，未来用户数量很难再出现爆发式增长，要想实现短视频的商业价值，重心要从追求用户数量的增长转到深度挖掘单个用户的价值上来。因此，短视频行业更要发掘和完善一种持续输出、传导和实现用户价值的商业盈利模式。

5. 新兴技术助力短视频进一步发展

5G技术的发展和应用，以及农村互联网的进一步普及，将助推短视频行业进一步发展。人工智能技术的应用可以提高短视频平台的审核效率，降低运营成本，提升用户体验，推进平台的商业化进程。

增强现实（Augmented Reality，AR）、虚拟现实（Virtual Reality，VR）、无人机拍摄和全景拍摄等技术的运用会逐渐提升用户的视觉体验，提高短视频内容的创作质量。

1.3 短视频的类型

短视频的类型较多，可以按照不同的标准来进行分类，例如按照生产方式、表现形式来分类。

↘ 1.3.1 按照生产方式分类

按照生产方式，可以将短视频分为用户生成内容、专业机构生成内容和专业用户生成内容。

1. 用户生成内容

用户生成内容（User Generated Content，UGC）对内容生产者来说几乎是零门槛，用户的内容生产和发布不受时间和地点的限制，能够充分调动广泛的用户参与到内容生产中，使平台以极低的成本获得海量的内容。这类短视频表达的内容基本与日常生活相关，商业价值较低，但具有很强的社交属性。

2. 专业机构生成内容

专业机构生成内容（Partner Generated Content，PGC）通常由专业机构或企业创作，内容的专业性和技术性较强，制作成本也较高，具有较高的商业价值和较强的媒体属性。

3. 专业用户生成内容

专业用户生成内容（Professional User Generated Content，PUGC）是以UGC形式产出的相对接近PGC的专业内容。这类短视频通常是由在某一领域具有专业知识和技能的用户或者具有一定粉丝基础的达人所创作的，内容多为自主编排设计。

PUGC短视频既满足了用户对专业化、高品质内容的需求，又取得了贴近用户生活且个性化的效果，满足了短视频用户的多种需求，这一模式在很大程度上提升了短视频平台和内容的品位。

↘ 1.3.2 按照表现形式分类

按照表现形式，短视频可以分为以下5类。

1. 短纪录片

纪录片是以真实生活为创作素材，以真人真事为表现对象，并对其进行艺术的加工与展现，以展现真实为本质，并用真实引发人们思考的电影或电视艺术形式。纪录片的核心是真实。短纪录片与纪录片的形式和内容相似，只是时长更短，一般在15分钟以内。

在短视频行业内，短纪录片的代表有"日食记"。该账号主要创作美食类短纪录片，通过记录导演姜老刀的日常生活，分享制作各种美味的料理和点心的方法，如图1-1所示。

图1-1　短纪录片

2．情景短剧

情景短剧是一种依托相对固定的场景，利用生活中常见的情节及道具，根据自身风格及品牌诉求进行剧情编创及场景化演绎的短视频类型。情景短剧故事性较强、类型丰富、风格多样，主要有幽默类、情感类和职场类。图1-2所示分别为幽默类、情感类和职场类情景短剧。

图1-2　情景短剧

3．解说类短视频

解说类短视频是指创作者对已有素材进行二次加工或创作，配以文字解说或语音解说，加上背景音乐合成的短视频，如图1-3所示。

图1-3 解说类短视频

4. 脱口秀短视频

脱口秀又称谈话节目，传统的脱口秀节目通常会邀请很多嘉宾就某一个话题进行讨论，而脱口秀短视频通常仅由出镜者一人发表观点。根据短视频设计的内容，脱口秀短视频可以分为幽默类、分享类（见图1-4）和现场类（见图1-5）。

图1-4 分享类短视频　　　　图1-5 现场类短视频

5. Vlog

Vlog是Video Blog的缩写，即视频博客或视频日记，是一种以影像取代传统图文模式的个人日志，主要记录日常生活。一般来说，Vlog博主会亲自出镜，拍摄的内容真实、自然，没有炫目的画面。用户在观看Vlog时，会有一种身临其境的感觉。目前，Vlog涵盖的内容有励志学习类、情感婚恋类、美食制作类、旅行出游类（见图1-6）、普通日常类和开箱评测类（见图1-7）等。

图1-6　旅行出游类短视频

图1-7　开箱评测类短视频

1.4　短视频的制作流程

短视频的制作流程通常分为前期的策划与筹备阶段、中期的拍摄阶段和后期的剪辑阶段。

↘ 1.4.1　策划与筹备阶段

策划与筹备阶段可以为中后期的短视频拍摄和剪辑做好准备，这一阶段的工作主要是组建短视频团队、选题策划、撰写脚本、准备资金及拍摄前准备。

1. 组建短视频团队

为了提高短视频的质量和制作效率，现在单打独斗式的个人创作已越来越少，团队创作已成为当前短视频创作的主流。短视频团队要做好分工，主要应有导演、编剧、演员、策划、摄像师、剪辑师和运营人员。有时候为了节约成本，很多短视频团队会一人身兼多职。

2. 选题策划

短视频的选题要角度新颖，有创意，互动性强，可以引发用户共鸣。同时，选题要符合内容定位，具有垂直性，这样可以提升账号在某领域的专业程度，从而不断提高用户黏性。

3. 撰写脚本

短视频脚本是短视频拍摄和制作的灵魂，是短视频拍摄的大纲和要点规划，可以指导整个短视频的拍摄和后期剪辑方向，提高短视频的拍摄效率和拍摄质量，有统领全局的作用。

短视频在镜头表达上存在很多局限性，受到时长、观看设备、观众心理期待等因素的限制，所以短视频脚本必须精雕细琢每一个细节，包括景别、场景布置、演员服装/化妆/道具准备、台词设计、表情、音乐和剪辑效果的呈现等，并且要安排好剧情的节奏，保证在5秒之内就能抓住观众的注意力。

4. 准备资金

资金是拍摄短视频的物质基础，短视频团队在开始拍摄之前，要根据团队的规模、需要用到的各种拍摄器材和道具、拍摄时间和难度、后期剪辑过程等来预估并获得足够的资金,以支持短视频拍摄的顺利进行。

5. 拍摄前准备

资金到位后,短视频团队就可以落实各项拍摄准备工作了。例如,购买相关的拍摄器材,包括摄像机、滑轨、道具、灯光设备等。编导根据脚本润色故事情节,调整场景和镜头设计,完成分镜头脚本。编导还需要安排好演员、服装道具、场景灯光、食宿交通、拍摄剪辑日程等事宜,制订一个详细的工作计划。

⅃ 1.4.2 拍摄阶段

短视频拍摄可以为后面的剪辑阶段提供充足的素材,为最终的短视频成片奠定基础。

1. 拍摄工作的具体实施

短视频拍摄的具体工作人员主要包括导演、摄像师和演员。导演要安排和引导演员、摄像师的工作,并处理和控制拍摄现场的各项工作。摄像师负责根据导演和脚本的安排拍摄好每一个镜头,演员则要在导演的指导下完成脚本设计的所有表演。

与此同时,负责灯光、道具和录音等任务的工作人员也要全力配合,争取把素材拍摄好,为后期剪辑节省时间与成本。

2. 拍摄的能力要求

短视频创作人员要掌握以下有关短视频拍摄的概念。

(1)景别

景别是指摄像机与被摄主体的距离不同,造成被摄主体在摄像机取景器中呈现出的范围大小的区别。认识景别便于在拍摄时进行画面构图。以拍摄人物为例,一般将景别分为5种,由远及近分别为远景(被摄主体所处环境)、全景(人体的全部和周围背景)、中景(人体膝部以上)、近景(人体胸部以上)和特写(人体肩部以上或突出表现某个局部)。

景别的变化带来的是视点的变化,摄像造型应能够满足观众从不同视距、不同视角全面观看被摄主体的要求。

(2)景深

景深是指被摄主体影像纵深的清晰范围,也就是说,以聚焦点为标准,聚焦点前的"景物清晰"这一段距离加上聚焦点后的"景物清晰"这一段距离就是景深。

景深分为深景深、浅景深,一般来说,深景深画面的背景清晰,浅景深画面的背景模糊。景深能够表现被摄主体的深度(层次感),增强画面的纵深感和空间感。

(3)拍摄角度

摄像机的取景拍摄有各种拍摄角度,这决定着观众从哪一个视点来观看被摄主体,这就是拍摄角度的选择运用。从构图上来说,拍摄角度设计就是如何选择拍摄方向和拍摄高度。

(4)光线的运用

光线不仅能够照亮环境,还能通过不同的强度、色彩和角度等来描绘世间万物,使视频画面呈现不同的效果。因此,摄像师要对光线的运用有一个全面的了解,从而更好地完成短视频拍摄工作。

（5）构图

构图是一项富于创造性的工作，其根本目的是使主题和内容获得尽可能完美的形象结构和画面造型效果。常用的构图方法有对比式构图、框架式构图、残缺式构图、斜构图等。

（6）运镜

运镜即运动镜头，是指通过机位、焦距和光轴的运动，在不中断拍摄的情况下形成视角、场景空间、画面构图，从而表现对象的变化。运镜可以增强画面的动感，扩大镜头的视野，影响视频的速度和节奏，赋予视频画面独特的寓意。常见的运镜方式有推镜头、拉镜头、摇镜头、移镜头、跟镜头、升降镜头、甩镜头、旋转镜头、环绕运镜及复合运镜等。

↘ 1.4.3 剪辑阶段

拍摄完成后，短视频创作就进入了剪辑阶段。剪辑人员在这一阶段要使用专业的视频剪辑软件对短视频素材进行后期剪辑，包括剪辑、配音、调色、添加字幕和特效等，最终完成一个完整的短视频作品。

一般来说，短视频的后期剪辑包括以下流程。

1. 整理素材

剪辑人员首先要把拍摄阶段拍摄的所有素材进行整理和编辑，按照时间顺序或脚本中设置的剧情顺序来排序，或者将所有视频素材进行编号归类。

2. 设计剪辑工作流程

剪辑人员要熟悉短视频脚本，了解脚本对各种镜头和画面效果的要求，并按照整理好的视频素材设计整个剪辑的工作流程，注明工作重点。

3. 粗剪

粗剪是指从所有视频素材中挑选出符合脚本需求并且画质清晰、精美的素材，然后按照剧情顺序重新组接，形成短视频的初稿，使画面连贯，符合剧情逻辑。

4. 精剪

精剪是指在粗剪的基础上进一步分析和比较，删除多余的视频画面，并为视频画面调色，添加滤镜、特效和转场效果，以增强短视频画面的吸引力。

5. 成片

剪辑人员在完成短视频的精剪后，可以对短视频进行一些细微的调整和优化，然后添加字幕，配上背景音乐或解说，最后添加片头、片尾，就形成了一个完整的短视频作品。

课后练习

① 按照生产方式来分，短视频可以分为哪些类型？

② 短视频的后期剪辑包括哪些流程？

③ 搜集优秀的短视频案例，简要分析它们是如何被创作出来的。

第 2 章
Premiere短视频剪辑快速入门

　　Premiere作为一款流行的非线性视频编辑处理软件，在短视频后期制作领域也是应用非常广泛的重要工具。它拥有强大的视频编辑能力，易学且高效，可以充分发挥使用者的创造力和想像力。本章将介绍Premiere短视频剪辑的入门知识与基本操作。

【学习目标】

➢ 熟悉Premiere工作区。
➢ 掌握导入与管理素材的方法。
➢ 掌握剪辑短视频的方法。
➢ 掌握设置运动效果的方法。
➢ 掌握添加视频过渡效果的方法。
➢ 掌握添加与编辑音频的方法。
➢ 掌握添加与编辑文本的方法。
➢ 掌握导出短视频的方法。

2.1 熟悉Premiere工作区

熟悉Premiere工作区是学习视频剪辑的必经之路，熟悉了工作区中各种工具的用法后，能在剪辑过程中提高工作效率。下面介绍如何在Premiere中新建项目，以及Premiere工作区中常用面板的功能。

1. 新建项目

要使用Premiere编辑短视频，必须先创建一个项目文件，项目文件用于保存序列和资源相关的信息。

在Premiere中新建项目的方法如下。启动Adobe Premiere Pro CC 2019（本书以Adobe Premiere CC Pro 2019为例进行讲解，后简称Premiere），选择"文件"|"新建"|"项目"命令或按【Ctrl+Alt+N】组合键，打开"新建项目"对话框，如图2-1所示。在"名称"文本框中为项目命名，然后单击"位置"选项右侧的"浏览"按钮，设置项目文件的保存位置，单击"确定"按钮。

此时，系统将新建一个项目文件，并在标题栏中显示文件的路径和名称，如图2-2所示。若要关闭项目文件，可以选择"文件"|"关闭项目"命令或按【Ctrl+Shift+W】组合键。

图2-1 "新建项目"对话框

图2-2 新建项目文件

2. 认识工作区

（1）多种工作区

Premiere提供了多种工作区布局，包括"编辑""组件""颜色""效果""音频""图形"等，每种工作区都根据不同的剪辑需求对工作面板进行了不同的设定和排布。

Premiere默认的工作区为"编辑"工作区，整个工作区布局如图2-3所示。如果"编辑"工作区布局经过用户手动调整或者工作区显示不正常，可以在窗口上方用鼠标右键单击"编辑"标签，在弹出的快捷菜单中选择"重置为已保存的布局"命令；也可选择"窗口"|"工作区"|"重置为已保存的布局"命令来恢复工作区的原样。在Premiere工作区中单击面板，面板就会显示蓝色高亮的边框，表示当前面板处于活动状态。当显示多个面板时，只会有一个面板处于活动状态。

图2-3　"编辑"工作区

（2）"项目"面板

"项目"面板用于存放导入的素材，素材类型可以是视频、音频、图片等，如图2-4所示。单击"项目"面板左下方的"图标视图"按钮，切换到图标视图，可以预览素材信息。拖动视频素材缩略图下方的播放头，可以预览前后的视频。

单击"项目"面板右下方的"新建项"按钮，在弹出的下拉列表中可以选择"序列""调整图层""黑场视频""颜色遮罩"等选项，如图2-5所示。

图2-4　"项目"面板

图2-5　单击"新建项"按钮

（3）"源"面板

双击"项目"面板中的视频素材，可以在"源"面板中预览视频素材，如图2-6所示。在预览视频素材时，按【←】或【→】方向键，可以后退或前进一帧；按【L】键，可以播放视频；按【K】键，可以暂停播放视频；按【J】键，可以倒放视频；多次按【L】键或【J】键，可以执行快进或快退操作；按【Space】键，可以播放或暂停播放视频。

单击"选择回放分辨率"下拉按钮，会弹出不同等级的分辨率调整数值下拉列表，其作用是当预览视频发生卡顿时可以降低分辨率数值，以流畅地预览视频内容。

单击面板下方工具栏中的按钮可以对视频素材执行相关操作，如添加标记、标记入点、标记出点、转到入点、后退一帧、播放/停止、前进一帧、转到出点、插入、覆盖、导出帧等。

单击面板右下方的"按钮编辑器"按钮，在弹出的面板中可以管理工具栏中的按钮，如图2-7所示。若要在工具栏中添加按钮，可以将按钮从面板拖入工具栏；若要清除工具栏中的按钮，可以将按钮拖出工具栏。在"源"面板中单击鼠标右键，在弹出的快捷菜单中也可以对视频素材进行相关操作。

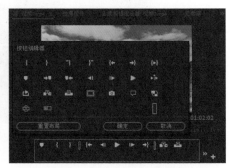

图2-6　"源"面板　　　　　　　　　图2-7　编辑工具栏中的按钮

（4）"时间轴"面板

"时间轴"面板用于进行视频剪辑，视频剪辑的大部分工作都是在"时间轴"面板中完成的。剪辑轨道分为视频轨道和音频轨道，视频轨道的表示方式是V1、V2、V3……音频轨道的表示方式是A1、A2、A3……如图2-8所示。

用户可以添加多轨视频，如果需要增加轨道数量，可以在轨道的空白处单击鼠标右键，在弹出的快捷菜单中选择"添加轨道"命令，在弹出的"添加轨道"对话框中设置添加轨道的数量，如图2-9所示。音频轨道的添加与视频轨道的添加方式相同，当音频轨道中有多条音频时，声音将同时播放。

图2-8　"时间轴"面板　　　　　　　图2-9　"添加轨道"对话框

（5）"节目"面板

工作窗口右上方为"节目"面板，用于预览输出成片的序列，该面板的左上方显示当前序列的名称，如图2-10所示。

（6）工具面板

工具面板（见图2-11）主要用于编辑"时间轴"面板中的素材。下面对常用工具的功能进行简要介绍。

图2-10　"节目"面板

图2-11　工具面板

● 选择工具▶：用于选择时间线上的素材，按住【Shift】键选择素材可以进行多选。

● 向前选择轨道工具▶/向后选择轨道工具◀：选择箭头方向上的全部素材，以进行整体内容的位置调整。

● 波纹编辑工具◀▶：使用该工具可以调节素材的长度，将素材的长度缩短或拉长时，该素材后方的所有素材会自动跟进。

● 滚动编辑工具✜：使用该工具更改素材的出入点时，相邻的素材的出入点也会随之改变，序列的总时长不变。

● 比率拉伸工具✜：使用该工具可以调整素材的长度，改变素材的播放速度。

● 剃刀工具◆：使用该工具可以裁剪素材，按住【Shift】键可以裁剪多个轨道上的素材。

2.2　导入与管理素材

下面介绍如何在Premiere项目中导入素材，并对项目中的素材进行整理。

↘ 2.2.1　在项目中导入素材

在项目中导入素材的方法有3种，分别为使用"媒体浏览器"面板导入，使用"导入"对话框导入，以及将素材拖入"项目"面板进行导入。

1. 使用"媒体浏览器"面板导入

要编辑短视频，首先要将用到的视频素材导入Premiere中。打开"媒体浏览器"面板，从中浏览要在项目中使用的素材，双击视频素材可以在"源"面板中浏览素材，以查看是否要使用它。用鼠标右键单击要导入项目中的素材，在弹出的快捷菜单中选择"导入"命令（见图2-12），即可将所选素材导入"项目"面板中，如图2-13所示。

2. 使用"导入"对话框导入

在"项目"面板的空白位置双击或直接按【Ctrl+I】组合键，打开"导入"对话框，选择要导入的素材，然后单击"打开"按钮，即可导入素材，如图2-14所示。

3. 将素材拖入"项目"面板

直接将要导入的素材从文件资源管理器拖入"项目"面板中，即可导入素材，如图2-15所示。如果拖入的是文件夹，将在"项目"面板中自动生成相应的素材箱。

图2-12　选择"导入"命令

图2-13　导入素材

图2-14　"导入"对话框

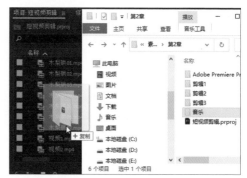

图2-15　将素材拖入"项目"面板

需要注意的是，Premiere中的素材实际上是媒体文件的链接，而不是媒体文件本身。例如，在Premiere中修改文件名称、在"时间轴"面板中对文件进行裁剪，不会对媒体文件本身造成影响。

2.2.2　整理素材

使用Premiere剪辑短视频时，一般会用到多个、多种类型的素材，为了让这些素材保持良好的组织性，提高剪辑效率，需要对素材进行整理，如使用素材箱收纳素材、使用标签对素材进行分类等。

1. 收纳素材

在"项目"面板中创建素材箱后，就可以用它像Windows操作系统中的文件夹一样管理Premiere中的素材文件。对素材进行分类和管理的方法如下：在"项目"面板中单击右下方的"新建素材箱"按钮▣，创建素材箱，然后输入名称；选中要添加到素材箱中的文件，将其拖至素材箱中即可，如图2-16所示。

用户还可以选中要添加到素材箱中的文件，将其拖至"项目"面板右下方的"新建素材箱"按钮▣上，为所选文件创建一个新的素材箱，如图2-17所示。

双击素材箱，会在一个新的面板中显示其中的文件，可以看到它与"项目"面板具有相同的面板选项（见图2-18），在素材箱中还可以嵌套素材箱。要更改素材箱的打开方式，可以选择"编辑"|"首选项"|"常规"命令，弹出"首选项"对话框，在"双击"下拉列表中选择所需的打开方式，如图2-19所示。

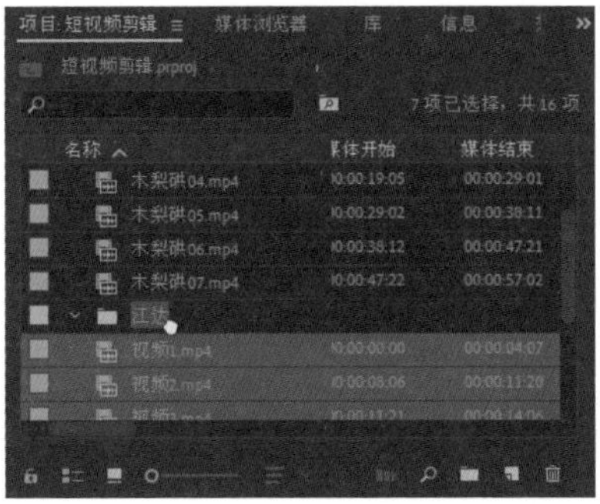

图2-16　将素材拖至素材箱中

图2-17　将素材拖至"新建素材箱"按钮上

图2-18　"素材箱"面板

图2-19　选择素材箱打开方式

2．利用标签颜色标记素材

使用标签颜色可以标记"项目"面板"标签"列和"时间轴"面板中的素材，以便对素材进行分类。选择"编辑"|"首选项"|"标签"命令，在弹出的对话框中可以看到各种颜色的标签，用户可以根据编辑需要重新定义标签名称和颜色。例如，根据景别、拍摄地点、时间、视频的各个部分来定义标签名称，然后单击"确定"按钮，如图2-20所示。

在"项目"面板中选中要设置标签的素材，然后用鼠标右键单击所选素材，在弹出的快捷菜单中选择"标签"|"蓝色"命令，即可设置素材标签颜色，如图2-21所示。设置标签颜色后，在"项目"面板的"标签"列可以看到设置的颜色，或者将素材拖至"时间轴"面板，也可以看到设置的标签颜色。

图2-20　设置标签名称

图2-21　设置素材标签颜色

在"项目"面板上方单击搜索框右侧的"从查询创建新的素材箱"按钮 🔎，在弹出的对话框中设置搜索类型为"标签"，查找条件为"蓝色"，然后单击"确定"按钮（见图2-22），即可为蓝色标签的素材自动创建素材箱。

使用标签颜色除了可以标记"项目"面板中的素材外，还可以标记"时间轴"面板中的剪辑，方法为：用鼠标右键单击剪辑，在弹出的快捷菜单中选择"标签"命令，然后在其子菜单中选择所需的颜色，如图2-23所示。

图2-22 搜索标签

图2-23 使用标签颜色标记剪辑

2.3 短视频的剪辑

下面介绍如何在Premiere中对拍摄的视频素材进行剪辑，包括创建与设置序列、短视频的快速粗剪、复制与移动剪辑、调整剪辑的剪切点，以及添加标记等。

2.3.1 创建与设置序列

在添加剪辑前，需要先创建序列。序列相当于一个容器，添加到序列内的剪辑会形成一段连续播放的视频。下面介绍如何在Premiere中创建与设置序列。

1. 创建序列

创建序列主要有3种方法：使用序列预设、创建自定义序列，以及从剪辑新建序列。

（1）使用序列预设

创建序列时，用户可以从标准序列预设中进行选择，方法为：按【Ctrl+N】组合键，打开"新建序列"对话框，选择"序列预设"选项卡，其中包含了适合大多数典型序列类型的设置，以及与它们相对应的描述。

在选择序列预设时，应先选择机型/格式，然后选择分辨率，最后选择帧率。例如，先选择"AVCHD"（基于MPEG-4 AVC/H.264视频编码）类型，然后选择"720p"分辨率，最后选择"AVCHD 720p25"预设，在下方输入序列名称，单击"确定"按钮，即可创建序列，如图2-24所示。

（2）创建自定义序列

在"新建序列"对话框中选择"设置"选项卡，在"编辑模式"下拉列表中选择

"自定义"选项，然后自定义"时基""帧大小""像素长宽比""场"等参数值，设置完成后单击"确定"按钮，如图2-25所示。

图2-24　使用序列预设　　　　　　　　图2-25　创建自定义序列

（3）从剪辑新建序列

从剪辑新建序列不会弹出"新建序列"对话框，程序会将视频素材的设置作为序列的设置，方法为：用鼠标右键单击视频素材，在弹出的快捷菜单中选择"从剪辑新建序列"命令，如图2-26所示。用户还可以直接将视频素材拖至"项目"面板右下方的"新建项"按钮 上创建序列，如图2-27所示。

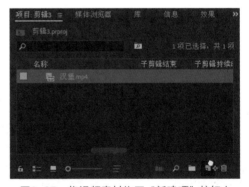

图2-26　选择"从剪辑新建序列"命令　　　图2-27　将视频素材拖至"新建项"按钮上

2. 设置序列

创建序列时，序列设置必须正确。要改变当前序列的设置，可以在"时间轴"面板中选中序列，然后选择"序列"|"序列设置"命令，此时将弹出"序列设置"对话框，在对话框中可以查看此时的序列设置，如图2-28所示。在"编辑模式"下拉列表中选择"自定义"选项，即可进行自定义设置，设置完成后单击"确定"按钮，如图2-29所示。

图2-28 "序列设置"对话框　　　　图2-29 自定义序列设置

↘ 2.3.2 短视频的快速粗剪

在Premiere中进行短视频粗剪时，可以采用两种方法：一种是向序列中添加剪辑，另一种是在"时间轴"面板中粗剪短视频。

1. 向序列中添加剪辑

向序列中添加剪辑，即在"源"面板中预览视频素材，并定义每个剪辑的起始点和结束点，然后将剪辑拖至序列中，具体操作方法如下。

步骤01 打开"素材文件\第2章\剪辑3.prproj"项目文件，在"项目"面板中双击"汉堡"视频素材，在"源"面板中预览视频素材。将播放头拖至剪辑的开始位置，单击"标记入点"按钮或按【I】键，标记剪辑的入点，如图2-30所示。

步骤02 将播放头定位到剪辑的出点位置，单击"标记出点"按钮或按【O】键，标记剪辑的出点，如图2-31所示。拖动"仅拖动视频"按钮到"时间轴"面板的序列中，按【Ctrl+Shift+Space】组合键，播放标记的剪辑。

图2-30 标记入点　　　　　　图2-31 标记出点

步骤03 "源"面板中继续标记要使用的其他剪辑的入点和出点，如图2-32所示，并将剪辑拖至序列中。

步骤04 在序列中查看添加的剪辑，如图2-33所示。

图2-32　标记入点和出点

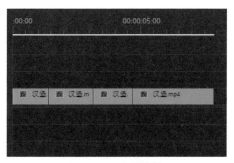

图2-33　查看剪辑

2. 在"时间轴"面板中粗剪短视频

在"时间轴"面板中粗剪短视频，即先将整个素材放到序列中，并对视频进行快速粗剪，然后删除不需要的部分，具体操作方法如下。

步骤 01 在"源"面板中用鼠标右键单击视频画面，在弹出的快捷菜单中选择"清除入点和出点"命令，清除素材中的入点和出点，如图2-34所示。

步骤 02 将整个视频素材拖至序列中，将时间线定位到要裁剪的位置，按【C】键调用剃刀工具，使用剃刀工具 在视频素材上单击即可进行裁剪，如图2-35所示。

图2-34　选择"清除入点和出点"命令

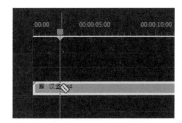

图2-35　裁剪视频素材

步骤 03 将时间线定位到要裁剪的位置，按【Ctrl+K】组合键快速裁剪视频素材，如图2-36所示。若视频素材较长，还可一边播放视频一边按【Ctrl+K】组合键进行粗剪。

步骤 04 在序列中选中不需要的剪辑，按【Delete】键即可将其删除，如图2-37所示。若按【Shift+Delete】组合键，可以进行波纹删除。

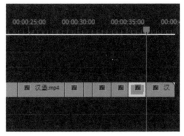

图2-36　使用组合键快速裁剪视频素材

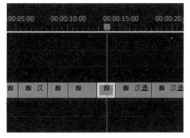

图2-37　删除剪辑

步骤 **05** 若要删除剪辑之间的间隙，可以选中间隙后按【Delete】键，也可用鼠标右键单击间隙，在弹出的快捷菜单中选择"波纹删除"命令，如图2-38所示。

步骤 **06** 选中序列中的所有剪辑，选择"序列"|"封闭间隙"命令，可以删除剪辑之间的全部间隙，如图2-39所示。

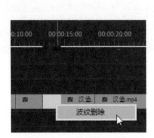

图2-38 选择"波纹删除"命令

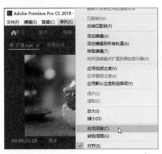

图2-39 选择"封闭间隙"命令

↘ 2.3.3 复制与移动剪辑

下面介绍在序列中如何对剪辑进行复制和移动操作，以对剪辑进行重新排列，具体操作方法如下。

步骤 **01** 在序列中选中要复制的剪辑，按【Ctrl+C】组合键进行复制，如图2-40所示。

步骤 **02** 在"时间轴"面板中单击V1视频轨道上的"以此轨道为目标切换轨道"按钮 V1，取消该目标轨道，然后单击V2视频轨道上的"以此轨道为目标切换轨道"按钮 V2，设置目标轨道，定位时间线的位置，如图2-41所示。

图2-40 复制剪辑

图2-41 设置目标轨道

步骤 **03** 按【Ctrl+V】组合键进行粘贴，效果如图2-42所示。

步骤 **04** 还可以按住【Alt】键拖动剪辑来复制剪辑，如图2-43所示。

图2-42 粘贴剪辑

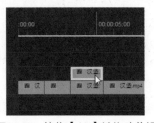

图2-43 按住【Alt】键拖动剪辑

步骤 **05** 若要将复制的剪辑插入轨道中，可以按住【Ctrl】键将剪辑拖至目标位置，如图2-44所示。若要在序列中替换剪辑，可以按住【Alt】键将剪辑拖至要替换的目标剪辑上。

步骤 **06** 若要在序列的单个轨道上调换剪辑的排列顺序，可以按住【Ctrl+Alt】组合键拖动剪辑到目标位置，如图2-45所示。

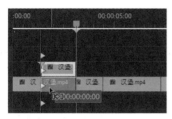 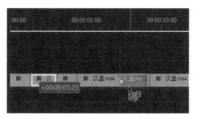

图2-44　插入剪辑　　　　　　　　图2-45　调换剪辑顺序

步骤 **07** 若要复制多个轨道上的视频素材，可以在"节目"面板中先标记入点和出点，如图2-46所示。

步骤 **08** 在"时间轴"面板头部区域定位目标轨道，选中标记范围内的视频素材，然后使用快捷键进行复制操作，如图2-47所示。

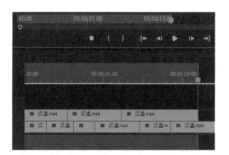 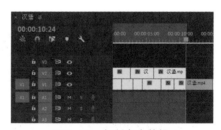

图2-46　标记入点和出点　　　　　　图2-47　复制多个剪辑

↘ 2.3.4　调整剪辑的剪切点

使用剪辑工具可以对视频剪辑的剪切点进行精细调整，以达到视频节奏上的变化，或者使镜头之间的衔接更为流畅，具体操作方法如下。

步骤 **01** 按【←】键或【→】键，将时间线定位到精确的位置，如图2-48所示。

步骤 **02** 按【Ctrl+K】组合键裁剪剪辑，选中要删除的剪辑，按【Shift+Delete】组合键进行波纹删除，如图2-49所示。

 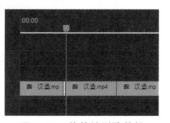

图2-48　使用方向键精确定位时间线　　　图2-49　裁剪并删除剪辑

步骤03 按【B】键调用波纹编辑工具 ，将鼠标指针置于剪辑的入点或出点位置，按住鼠标左键并左右拖动，即可对剪辑进行波纹修剪，如图2-50所示。

步骤04 进行波纹修剪仅改变编辑点后接剪辑的位置，不会影响后接剪辑的入点和出点位置。在"节目"面板中预览修剪位置的画面，如图2-51所示。

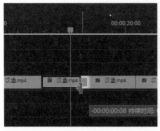

图2-50　使用波纹编辑工具修剪

图2-51　预览修剪位置的画面

步骤05 按住【Ctrl】键，将波纹编辑工具 转换为滚动编辑工具 ，使用滚动编辑工具 在两个剪辑之间进行修剪，如图2-52所示。

步骤06 使用滚动编辑工具 可以同时修剪一个剪辑的入点和另一个剪辑的出点，并保持两个剪辑组合的持续时间不变，这样不会对两个剪辑之外的其他剪辑造成影响。在"节目"面板中预览修剪位置的画面，如图2-53所示。

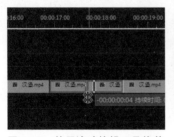

图2-52　使用滚动编辑工具修剪

图2-53　预览修剪位置的画面

步骤07 使用波纹编辑工具 或滚动编辑工具 在两个剪辑的剪切点位置双击，进入修剪模式，在"节目"面板中显示剪切点处的两屏画面。选中左侧的画面，单击画面下方的按钮，可以向后或向前修剪1帧或5帧，如图2-54所示。

图2-54　修剪左侧的剪辑

步骤08 选中右侧的画面，单击画面下方的按钮，可以向后或向前修剪1帧或5帧，如图2-55所示。

图2-55　修剪右侧的剪辑

↘ 2.3.5　添加标记

在短视频剪辑过程中，经常需要在剪辑上添加标记，使用标记来放置和排列剪辑。例如，使用标记来确定序列或剪辑中重要的动作或声音。添加标记的具体操作方法如下。

步骤 01 在"源"面板中预览素材，将播放头定位到要添加标记的位置，单击"添加标记"按钮■或按【M】键，添加一个标记，如图2-56所示。

步骤 02 将播放头定位到标记范围结束的位置，按住【Alt】键拖动标记到播放头的位置，划分标记范围，如图2-57所示。

图2-56　添加标记

图2-57　划分标记范围

步骤 03 在"源"面板中双击标记，在弹出的"标记"对话框中输入标记名称和注释，单击"确定"按钮，如图2-58所示。

步骤 04 此时可以查看设置的标记效果，如图2-59所示。除了在"源"面板中为素材添加标记外，还可在"节目"面板或"时间轴"面板中为序列或素材添加标记。

图2-58　设置标记

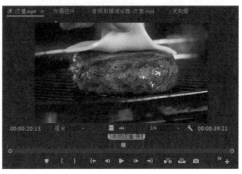

图2-59　查看标记效果

2.4 设置运动效果

"运动"效果是每个剪辑都会有的固定效果，它包括多种参数，用于旋转或缩放剪辑。下面介绍如何使用"运动"效果设置画面构图，以及如何利用关键帧为剪辑创建运动动画。

↘ 2.4.1 设置画面构图

使用"运动"效果中的"位置""缩放""旋转"等参数可以设置剪辑的画面构图，具体操作方法如下。

步骤 01 打开"素材文件\第2章\剪辑4.prproj"项目文件，在序列中选中"视频02"剪辑，如图2-60所示。

步骤 02 在"视频02"剪辑中拖动时间线，在"节目"面板中预览视频画面效果，如图2-61所示。

图2-60　选中"视频02"剪辑　　　　　　　图2-61　预览视频画面效果

步骤 03 在"效果控件"面板的"运动"效果中设置"位置"和"缩放"参数值，如图2-62所示。

步骤 04 在"节目"面板中预览视频画面效果，如图2-63所示。

图2-62　设置"运动"效果　　　　　　　　图2-63　预览视频画面效果

↘ 2.4.2 编辑运动动画

关键帧是设置动画效果的关键点，可用于设置动态、效果、音频等多种参数，随时间更改参数值即可自动生成动画。一个简单的动画效果至少需要两个关键帧，一个关键帧对应变化开始的值，另一个关键帧对应变化结束的值。

下面利用关键帧制作一个简单的运动动画，具体操作方法如下。

步骤 **01** 在序列中选中"视频07"剪辑，在"节目"面板中预览视频画面效果，如图2-64所示。

步骤 **02** 在"效果控件"面板中将时间线拖至最左侧，单击"旋转"选项左侧的"切换动画"按钮 ，启用"旋转"动画，设置"旋转"为8.0°。单击"缩放"选项左侧的"切换动画"按钮 ，启用"缩放"动画，设置"缩放"为127.0，此时将在时间线位置自动添加第1个关键帧，如图2-65所示。

图2-64 预览视频画面效果

图2-65 启用"缩放"和"旋转"动画
并设置参数值

步骤 **03** 在"节目"面板中预览此时的画面效果，如图2-66所示。

步骤 **04** 将时间线向右拖至运动停止的位置，修改"缩放"和"旋转"参数值，自动生成第2个关键帧，单击"重置参数"按钮 恢复到默认值，如图2-67所示。在"节目"面板中预览画面效果，可以看到缩放和旋转动画。

图2-66 预览画面效果

图2-67 单击"重置参数"按钮

2.5 添加视频过渡效果

视频过渡也称视频转场或视频切换，是添加在视频剪辑之间的效果，可以让视频剪辑之间的切换具有动画效果。下面介绍如何在序列中为剪辑添加视频过渡效果，具体操作方法如下。

步骤 **01** 打开"效果"面板，其中"视频过渡"文件夹包含了Premiere预设的视频过渡效果。展开"溶解"文件夹，用鼠标右键单击"胶片溶解"效果，在弹出的快捷菜单中选择"将所选过渡设置为默认过渡"命令，如图2-68所示。

步骤 02 将过渡效果拖至序列中的剪辑之间，或者选中要应用默认过渡效果的视频素材，按【Ctrl+D】组合键快速应用默认过渡效果。由于此处添加过渡效果的剪辑没有额外的素材用于过渡，所以Premiere会提示"媒体不足"，单击"确定"按钮，如图2-69所示。

图2-68　设置默认过渡效果

图2-69　添加默认过渡效果

步骤 03 在序列中选中"胶片溶解"过渡效果，如图2-70所示。

步骤 04 在"效果控件"面板中设置过渡持续时间，拖动视频剪辑的边缘，使视频剪辑包含过渡效果，如图2-71所示。

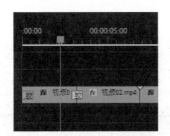

图2-70　选中过渡效果

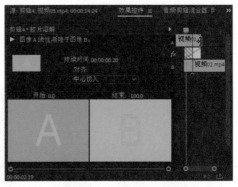

图2-71　设置过渡效果

步骤 05 采用同样的方法，在其他剪辑中添加"胶片溶解"过渡效果，然后在"节目"面板中预览过渡效果，如图2-72所示。

图2-72　预览过渡效果

2.6　添加与编辑音频

声音是短视频中不可或缺的一部分，在编辑短视频时，短视频创作者要根据画面表现的需要，通过背景音乐、音效、旁白和解说等手段来增强短视频的表现力。Premiere提供了强大的音频编辑工具，利用它们可以在短视频中添加与编辑音频。

↘ 2.6.1　添加音频

下面介绍如何在短视频中添加音频素材，在此为短视频添加录制的画外音，具体操作方法如下。

步骤 01 打开"素材文件\第2章\剪辑5.prproj"项目文件，在"项目"面板中双击"录音1"素材，如图2-73所示。

步骤 02 在"源"面板中预览音频素材，标记入点和出点，如图2-74所示。拖动"仅拖动音频"按钮到序列的A2轨道上，添加音频剪辑。

图2-73　双击音频素材

图2-74　标记入点和出点

步骤 03 采用同样的方法，在序列中添加其他音频剪辑，并与视频画面进行对位，如图2-75所示。

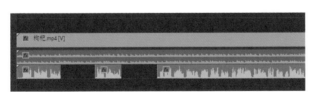
图2-75　添加音频剪辑

↘ 2.6.2　监视音量

在调整音量前，要清楚音频剪辑的音量大小。在"时间轴"面板右侧有一个"音频仪表"面板，当播放音频时，该面板中的绿色长条会上下浮动，显示实时的音量大小。"音频仪表"面板的刻度单位是"分贝"（dB），最高为0 dB，分贝越小，音量越低。当分贝值在-12 dB刻度上下浮动时，表示音频的音量是合理的；当分贝值超出0 dB时，容易引起爆音现象，此时"音频仪表"面板的最上方将出现红色的粗线表示警告。

在"时间轴"面板A2轨道头部单击"独奏轨道"按钮 s ，将其他音频轨道设置为静音，如图2-76所示。按【Space】键播放音频，在"音频仪表"面板中监视当前音量，如图2-77所示。

图2-76　单击"独奏轨道"按钮　　　图2-77　"音频仪表"面板

↘ 2.6.3　调整音量

下面介绍如何调整音频剪辑的音量，具体操作方法如下。

步骤 01 在"时间轴"面板中双击A2轨道将其展开，播放音频，并向下拖动音频中的音量线减小音量，如图2-78所示，在"音频仪表"面板中实时查看调整后的音量大小。

步骤 02 在序列中选中要添加音量的多个剪辑，用鼠标右键单击所选的音频剪辑，在弹出的快捷菜单中选择"音频增益"命令，打开"音频增益"对话框。在对话框下方可以看到当前的"峰值振幅"为−0.5 dB，如图2-79所示。选中"调整增益值"单选按钮，设置值为−4 dB，单击"确定"按钮。

图2-78　拖动音量线　　　图2-79　"音频增益"对话框

"音频增益"对话框中各选项的含义如下。

● 将增益设置为：设置总的调整量，即将增益设置为某一特定值；该值始终更新为当前增益，即使未选中该单选按钮且该值显示为灰色也是如此。

● 调整增益值：单次调整的增量；此选项允许用户将增益调整为正值或负值，"将增益设置为"中的值会自动更新，以反映应用于该剪辑的实际增益值。

● 标准化最大峰值为：设置选定剪辑的最大峰值；若选定多个剪辑，则将它们视为一个剪辑，找到并设置最大峰值。

● 标准化所有峰值为：分别设置每个选定剪辑的最大峰值，常用于统一不同剪辑的最大峰值。

↘ 2.6.4　调整音频局部音量

除了整体调整音频剪辑的音量大小外，还可以利用音量关键帧调整音频剪辑局部音量的大小，具体操作方法如下。

步骤 01 在"时间轴"面板中展开背景音乐所在的A1轨道，按住【Ctrl】键在音量线上单击，即可添加音量关键帧，在此添加两个音量关键帧，如图2-80所示。

步骤 02 在已有音量关键帧的左、右两侧分别添加一个音量关键帧，如图2-81所示。

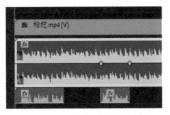
图2-80　添加音量关键帧

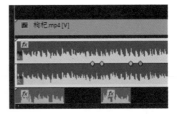
图2-81　继续添加音量关键帧

步骤 03 分别向下拖动中间的两个音量关键帧，以降低该区域的音量，如图2-82所示。

步骤 04 按【P】键调用钢笔工具，在背景音乐剪辑中拖动鼠标指针框选所有音量关键帧，按【Delete】键删除音量关键帧，如图2-83所示。

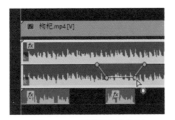
图2-82　降低区域音量

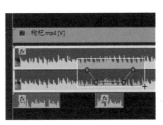
图2-83　删除音量关键帧

2.6.5　统一音量大小

在Premiere中可以统一不同音量的音频剪辑的音量大小，具体操作方法如下。

步骤 01 在序列中选中A2轨道上的所有音频剪辑，如图2-84所示。

步骤 02 选择"窗口"|"基本声音"命令，打开"基本声音"面板，单击"对话"按钮，将音频剪辑设置为"对话"音频类型，如图2-85所示。

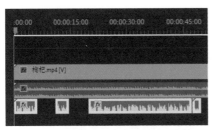
图2-84　选中音频剪辑

图2-85　单击"对话"按钮

步骤03 选择"对话"选项卡，展开"响度"选项，单击"自动匹配"按钮，将所选音频剪辑的音量调整为"对话"的平均标准响度，如图2-86所示。

步骤04 在"预设"下拉列表中选择"清理嘈杂对话"选项，为音频降噪并自动统一音量大小，如图2-87所示。

步骤05 若要继续统一调整所选音频剪辑的音量大小，可以在下方的"剪辑音量"选项中调整音量级别，如图2-88所示。

图2-86　单击"自动匹配"按钮　　图2-87　选择预设效果　　图2-88　调整音量级别

↘ 2.6.6　自动回避

利用"回避"功能可以在包含对话的短视频中自动降低背景音乐的音量，以突出人声，具体操作方法如下。

步骤01 在"时间轴"面板中选中背景音乐素材，在"基本声音"面板中单击"音乐"按钮，如图2-89所示。

步骤02 选择"音乐"选项卡，勾选"回避"选项右侧的复选框，启用"回避"功能，设置"回避依据""敏感度""降噪幅度""淡化"等参数值，单击"生成关键帧"按钮，如图2-90所示。

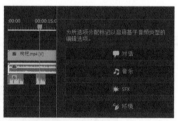

图2-89　单击"音乐"按钮　　图2-90　设置"回避"效果

步骤03 此时可以在背景音乐中自动添加音量关键帧，在覆盖"对话"音频的背景音乐区域将自动降低音量，如图2-91所示。

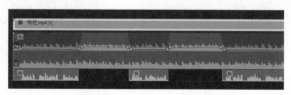

图2-91　查看"回避"效果

"回避"选项组中各选项的含义如下。

● 回避依据：用于选择要回避的音频内容类型对应的图标，包括"对话"💬、"音乐"🎵、"声音效果"✴、"环境"🌿、"未标记的剪辑"🎙。

● 敏感度：用于调整回避触发的阈值；敏感度设置得越高或越低，调整越少，但重点是分别保持较低或较响亮的音乐轨道；中间范围的敏感度值可以触发更多调整，使音乐在语音暂停期间快速进出。

● 降噪幅度：用于选择将音乐剪辑的音量降低多少。

● 淡化：用于控制触发时音量调整的速度；如果快速音乐与快速语音混合，则较快的淡化较为理想；如果在画外音轨道后面回避背景音乐，则较慢的淡化更合适。

2.7 添加与编辑文本

使用Premiere中的文字工具T可以很方便地在短视频中添加文本，使用"基本图形"面板可以设置文本格式，设置文本持续时间，创建文本样式等。

↘ 2.7.1 添加文本并设置格式

下面使用文字工具T为短视频中的录音添加字幕并设置文本格式，具体操作方法如下。

步骤 01 按【T】键调用文字工具T，在短视频画面中单击并输入文本，在序列中出现相应的文本剪辑。根据录音的音频修剪文本剪辑的入点和出点，使其与录音保持同步，如图2-92所示。

步骤 02 在"节目"面板中查看文本效果，如图2-93所示。

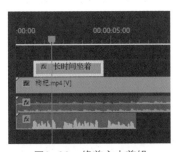

图2-92 修剪文本剪辑

图2-93 查看文本效果

步骤 03 在"效果控件"面板的文本选项中设置文本的字体、大小、对齐方式、字距、填充颜色、描边颜色及描边宽度等，如图2-94所示。

步骤 04 打开"基本图形"面板，选择"编辑"选项卡，选中文本图层，在"对齐并变换"选项组中单击"水平居中对齐"按钮🔳，调整不透明度为80.0%，如图2-95所示。

图2-94　设置文本格式

图2-95　设置对齐方式与不透明度

↘ 2.7.2　锁定文本持续时间

下面在文本剪辑的开始和结尾部分编辑动画，然后锁定文本开场和结尾的持续时间，这样当修剪文本剪辑时，包含关键帧动画的部分将始终保持在文本的开场和结尾，而不会被修剪掉，具体操作方法如下。

步骤01 在序列中选择文本剪辑，在"效果控件"面板中启用"不透明度"动画，在文本剪辑的开始部分添加两个关键帧，并设置"不透明度"分别为0.0%（见图2-96）和100.0%。

步骤02 在文本剪辑的结尾部分添加两个关键帧，并设置"不透明度"分别为100.0%和0.0%（见图2-97）。

图2-96　编辑"不透明度"动画1

图2-97　编辑"不透明度"动画2

步骤03 拖动左上方的控制柄，设置文本剪辑开场持续时间到关键帧动画结束的位置，如图2-98所示。

步骤04 采用同样的方法，拖动右上方的控制柄，设置文本剪辑的结尾持续时间，如图2-99所示。

图2-98　设置开场持续时间

图2-99　设置结尾持续时间

步骤 05 在序列中按住【Alt】键向右拖动文本，复制文本剪辑并修改文本，修剪文本剪辑的长度，如图2-100所示。采用同样的方法，在序列中添加其他文本剪辑。

步骤 06 在"节目"面板中预览文本效果，如图2-101所示。

图2-100 复制文本剪辑并修改文本　　　　图2-101 预览文本效果

2.7.3 应用文本样式

使用"文本样式"功能可以将字体、颜色和大小等定义为文本样式，并为"时间轴"面板中的多个文本剪辑快速应用相同的文本样式，具体操作方法如下。

步骤 01 打开"基本图形"面板，在"文本"选项中设置字体、大小、外观等，在"主样式"选项组中单击"样式"下拉按钮，选择"创建主文本样式"选项，如图2-102所示。

步骤 02 在弹出的"新建文本样式"对话框中输入文本样式名称，单击"确定"按钮，如图2-103所示。需要注意的是，样式中不包括"对齐"和"变换"等设置。

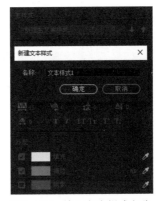

图2-102 选择"创建主文本样式"选项　　　图2-103 输入文本样式名称

步骤 03 创建文本样式后，系统会将其自动保存到"项目"面板中，如图2-104所示。

步骤 04 在序列中选中要应用文本样式的文本剪辑，然后将"文本样式1"样式从"项目"面板拖至选中的文本剪辑上，如图2-105所示。

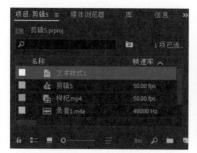

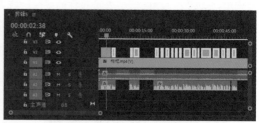

图2-104　查看文本样式　　　　　　　　图2-105　应用文本样式

2.8　导出短视频

在Premiere中完成短视频剪辑后，即可将短视频进行合成并导出。在导出短视频时，可以根据需要设置视频格式、比特率等，还可以导出部分视频片段，或者对视频画面进行裁剪等，具体操作方法如下。

步骤01　在"时间轴"面板中选中要导出的序列，如图2-106所示。

步骤02　选择"文件"|"导出"|"媒体"命令或按【Ctrl+M】组合键，打开"导出设置"对话框，在"格式"下拉列表中选择"H.264"（即MP4格式）选项，如图2-107所示。

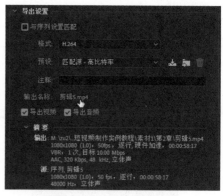

图2-106　选中导出序列　　　　　　　　图2-107　选择导出格式

步骤03　单击"输出名称"选项右侧的文件名超链接，在弹出的"另存为"对话框中选择短视频保存位置，输入文件名，单击"保存"按钮，如图2-108所示。

步骤04　返回"导出设置"对话框，选择"视频"选项卡，调整"目标比特率[Mbps]"参数值，对视频大小进行压缩，在下方可以看到"估计文件大小"参数值，如图2-109所示。设置完成后，单击"导出"按钮，导出短视频。

步骤05　若要导出序列中指定的视频片段，可以在"节目"面板中为此片段标记入点和出点，如图2-110所示，然后导出短视频。

图2-108　"另存为"对话框　　　　　　图2-109　调整目标比特率

步骤 06 在导出短视频时，还可以根据需要对视频画面进行裁剪。在"导出设置"对话框左侧的预览界面上方单击"裁剪输出视频"按钮 🔲 ，然后拖动裁剪框裁剪视频画面，如图2-111所示。在"裁剪比例"下拉列表中可以选择所需的裁剪比例，按照指定的比例进行画面裁剪，在"输出"选项卡下可以预览视频画面的最终效果。

图2-110　标记入点和出点　　　　　　图2-111　裁剪视频画面

课后练习

　　打开"素材文件\第2章\课后练习"文件夹，在Premiere中创建新的项目，并导入提供的"蛋糕制作"视频素材，对视频素材进行简单剪辑，添加背景音乐与字幕，然后导出短视频。

　　关键操作：快速粗剪短视频，复制与移动剪辑，设置画面构图。

第 **3** 章
Premiere短视频精剪

  短视频精剪的过程就是对短视频的细节进行调整的过程，其目的在于进一步加强并巩固粗剪时确定的结构和节奏，并通过调速、调色、添加特效等手段来提升短视频作品的质量。本章将详细介绍如何在Premiere中对短视频进行精剪，包括短视频精剪的思路、短视频速度的调整、短视频的调色，以及制作各种效果等。

【学习目标】

➢ 了解短视频精剪的思路。
➢ 掌握短视频速度的调整方法。
➢ 掌握短视频的调色方法。
➢ 掌握制作各种效果的方法。

3.1　短视频精剪的思路

在完成粗剪以后，一个完整的短视频框架就出来了，这时要反复浏览粗剪出来的短视频，找出问题，然后解决问题，对短视频整体架构进行修缮，细化短视频的整体风格。

↘ 3.1.1　短视频精剪的要求

短视频的精剪要达到3个要求：一是内容增减有度，二是节奏把控良好，三是保证视觉流畅性。

1. 内容增减有度

在粗剪过程中，只要不是太差的画面，都会尽量保留，而到了精剪阶段，应对视频细节进行调整，把某些不必要的镜头和冗余的段落删除，尤其是偏离主题、与叙事无关的镜头。因为这些镜头会扰乱短视频节奏，打散整个短视频要表达的内容，所以应着重删除这些部分。

另外，某件事可以用3个镜头说清楚，就不要用5个镜头，相同信息的镜头叠加在一起对叙事没有帮助，这种过度堆砌的镜头可以适当删减。

在精剪过程中，还要根据实际情况增加一些内容。例如，有些重要的段落需要增加信息量，可以分屏插入多个画面，加快节奏，进而提高信息的呈现效率。

2. 节奏把控良好

短视频的节奏从形式上可以分为内部节奏和外部节奏。内部节奏是指镜头内部的节奏，主要指以情节发展为基础的人物动作的速度、力度，摄像机的运动速度、方向，音乐、音效、色彩、光影的配合等；外部节奏是指镜头组接的节奏，主要指通过剪辑手段所形成的短视频的节奏，包括对时间的感知、视觉的节奏、听觉的节奏、运动的节奏、色彩的节奏、叙事的节奏等。

这就要求剪辑人员注意根据音乐调整镜头的节奏，注意前后镜头的逻辑、转场效果的添加、声音处理和音乐剪接、特效镜头合成等细节问题。

3. 保证视觉流畅性

在增减内容的过程中，还要考虑到剪辑点和镜头内容表达的准确性和完整性。为了保证视觉的流畅性，剪辑人员要在一个段落的剪辑中考虑很多问题，包括想要表达的内容是什么，信息是否完整，观众期待看到什么，是否能吸引观众继续看下去等。

剪辑点是指视频中由一个镜头切换到下一个镜头的组接点。在恰当的剪辑点上切换镜头能使镜头衔接流畅、自然，可以使视频内容合乎视觉原理和生活逻辑。

常用的剪辑点有相似物、遮挡物，动作剪辑点，心理、情绪剪辑点和声音剪辑点，如表3-1所示。

表 3-1　常用的剪辑点

剪辑点	说明
相似物、遮挡物	画面中有相同或相似的元素、相似构图，位置匹配
动作剪辑点	包括人物的动作、摄像机的动作、景物活动的画面、主体出入的画面，结合实际生活的规律使内容、动作衔接自然、流畅

续表

剪辑点	说明
心理、情绪剪辑点	表现内在心理、情绪变化的剪辑点，运用情绪的叠加引发观众共情，多用于带有故事情节的宣传片、广告等
声音剪辑点	以影片中的声音（包括解说词、对白、音乐、音响等）为基础，根据内容要求和声画关系来衔接镜头，其实就是找上下镜头中声音的连接点

↘ 3.1.2 短视频精剪的工作内容

除了对短视频素材进行必要的删减外，短视频精剪的工作内容还包括设置转场、调色、添加特效等。

1. 设置转场

转场是指场景或段落之间的切换，又称场景过渡。合理的转场可以增加短视频的连贯性、条理性、逻辑性和艺术性。转场分为两类，分别是技巧转场和无技巧转场。

（1）技巧转场

技巧转场是指用特技的手段进行转场，常用于情节之间的转换，能给观众带来明确的段落感。技巧转场又分为淡入淡出转场、叠化转场和划像转场等。

● 淡入淡出转场指前一个镜头的画面由明转暗，直至黑场，后一个镜头的画面由暗转明，逐渐显现，直至正常的亮度。

● 叠化转场指前一个镜头的画面与后一个镜头的画面相互叠加，前一个镜头的画面逐渐暗淡隐去，后一个镜头的画面逐渐显现并清晰。

● 划像转场指两个画面之间的渐变过渡，可以突出时间和地点的跳转，两个画面之间没有太多的视觉联系。由于划像转场的效果十分明显，因此多用于两个内容意义差别较大的段落的转换。

（2）无技巧转场

无技巧转场是指用镜头的自然过渡来连接前后两段内容，强调视觉的连续性。无技巧转场主要分为空镜头转场、声音转场、主观镜头转场、特写转场、两极镜头转场、相同主体转场、遮挡镜头转场等。

● 空镜头是指一些没有人物的镜头，常用来交代环境、背景、时间和空间，抒发人物情绪，表达主题思想，是视频拍摄者表达思想内容、抒发情感意境、调节剧情节奏的重要手段。空镜头转场就是利用空镜头实现短视频画面的转场。

● 声音转场指用音乐、音响、解说词、对白等和画面的配合实现转场。声音转场可以利用声音过渡的和谐性自然转换到下一画面，主要方式为声音的延续、声音的提前进入、前后画面声音相似部分的叠化，以实现时间和空间的大幅度转换。

● 主观镜头转场是指前一个镜头拍摄主体在观看的画面，后一个镜头接转以主体的视角观看对象的效果。

● 特写转场指无论前一个镜头是什么，后一个镜头都可以从特写开始，这样可以对局部进行突出强调和放大，展现一种平时在生活中用肉眼看不到的景别。

● 两极镜头转场指前后镜头在景别和动静变化等方面有着巨大的反差，处于两个极端。例如，前一个镜头是特写，后一个镜头则是全景或远景，这种转场方式能够起到强调和对比的作用。

● 相同主体转场有3种类型：第一种是前后两个镜头的主体相同，通过主体的运动、主体的出画入画，或者摄像机跟随主体移动，从一个场合进入另一个场合，以实现空间的转换；第二种是两个镜头的主体是同一类物体，但并非同一个物体，两个镜头对接，可以实现时间、空间或时空同时转换；第三种是两个镜头的主体在外形上具有相似性。

● 遮挡镜头转场指在前一个镜头接近结束时，被摄主体挪近以至遮挡摄像机的镜头，后一个镜头主体又从摄像机镜头前走开，以实现场景的转换。这种转场方式可以给观众带来强烈的视觉冲击力，还可以制造悬念，使画面节奏更加紧凑。

2. 调色

调色可以使短视频的画面呈现出一种特别的色彩或风格，给观众带来视觉上的享受。

不管拍摄器材的性能多么优越，都会受到拍摄技术、拍摄环境和播放设备等多种因素的影响，最终展现出来的画面与自然色彩都会有一定的差距，所以必须通过调色在最大程度上还原真实的色彩。

另外，剪辑人员可以通过调色将各种情绪和情感投射到视频画面中，为视频画面添加独特的视觉风格，从而影响观众的情绪，使其产生情感共鸣。

3. 添加特效

特效是指特殊的画面效果。Premiere自带了很多特效，包括变换、图像控制、扭曲、杂色与颗粒、模糊与锐化等。这些特效中还有各种不同的特效，例如，扭曲特效中有偏移、变换、放大、旋转扭曲、波形变形和镜头扭曲等多种特效，剪辑人员可以通过"效果控件"面板设置特效的各种参数。

除了Premiere自带的特效以外，剪辑人员还可以通过视频调速、使用各种转场和滤镜等为短视频制作特效。

3.2 短视频速度的调整

下面介绍如何调整短视频的速度，包括升格与降格，以及设置视频变速。

3.2.1 升格与降格

升格与降格是电影摄像中的一种技术手段。电影摄像的拍摄标准是每秒24帧，也就是每秒拍摄24张，这样在放映时才能是连续的画面。如果要实现一些特殊的放映效果，如慢动作，就要改变正常的拍摄速度。如果提高拍摄速度，使其高于24帧/秒，就是升格，放映的效果就是慢动作；如果降低拍摄速度，使其低于24帧/秒，就是降格，放映的效果就是快动作。

在拍摄升格视频时，一般会根据需要选择48帧/秒、60帧/秒、120帧/秒、240帧/秒的高帧率进行拍摄。通过这种方式拍摄的视频以正常的帧率（24帧/秒）播放出来，就会得到比实际动作慢的画面效果。

在Premiere中设置视频升格的具体操作方法如下。

步骤 01 打开"素材文件\第3章\升格与降格.prproj"项目文件，在项目中导入帧速率为50fps的"升格"视频素材，素材的帧速率越高，可调整的速度空间就越大，如图3-1所示。

步骤 02 按【Ctrl+N】组合键新建序列，在"编辑模式"下拉列表中选择"自定义"选项，然后设置序列参数。在此设置"时基"为25.00帧/秒，即"升格"视频素材帧速率的一半，单击"确定"按钮，如图3-2所示。

图3-1　导入视频素材　　　　　　　　　　　　　图3-2　新建序列

步骤 03 将视频素材拖入序列中，在弹出的提示对话框中单击"保持现有设置"按钮，如图3-3所示。

步骤 04 用鼠标右键单击视频剪辑，在弹出的快捷菜单中选择"速度/持续时间"命令，如图3-4所示。

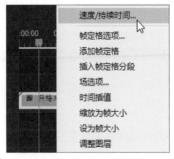

图3-3　单击"保持现有设置"按钮　　　图3-4　选择"速度/持续时间"命令

步骤 05 在弹出的对话框中设置"速度"为50%，可以看到"持续时间"变为原来的两倍，在"时间插值"下拉列表中选择"帧采样"选项，单击"确定"按钮，如图3-5所示。使用"帧采样"时间插值调整视频的播放速度，多出来的帧或空缺的帧将按素材现有的帧来生成。

步骤 06 此时即可完成升格视频设置，在"节目"面板中预览视频效果，视频将以慢动作播放，如图3-6所示。

图3-5　调整速度

图3-6　预览视频效果

在"剪辑速度/持续时间"对话框中再次降低帧速率，设置"速度"为25%，在"时间插值"下拉列表中选择"光流法"选项，单击"确定"按钮，如图3-7所示。使用"光流法"时间插值调整视频的播放速度，程序会根据上下帧来推断像素移动的轨迹，并自动生成新的空缺帧。若选择"帧混合"选项，将生成动态模糊效果。

降格又称"快动作"镜头或快镜头，在拍摄时没有帧数限制，在剪辑时通过提高视频的播放速度即可得到快动作效果。下面在序列中添加降格剪辑，该剪辑内容为花开的延时摄影视频。选中剪辑并按【Ctrl+R】组合键，打开"剪辑速度/持续时间"对话框，设置"速度"为1000%，单击"确定"按钮，即可以10倍速度播放视频，如图3-8所示。

图3-7　选择"光流法"选项

图3-8　调整速度

↘ 3.2.2　设置视频变速

使用"时间重映射"效果可以分别调整视频不同部分的速度，使视频素材中既有加速又有减速，还可设置视频暂停和倒放，具体操作方法如下。

步骤01　打开"素材文件\第3章\视频变速.prproj"项目文件，预览视频画面，视频内容为人物走路，如图3-9所示。

步骤02　在"时间轴"面板头部区域双击V1轨道将其展开，然后用鼠标右键单击视频剪辑左上方的■图标，在弹出的快捷菜单中选择"时间重映射"|"速度"命令，如图3-10所示。

步骤03　此时即可将轨道上的不透明度关键帧更改为速度关键帧。按住【Ctrl】键在速度控制线上单击，添加速度关键帧，如图3-11所示。

步骤04　向上或向下拖动速度控制线，即可进行加速或减速调整，在此向上拖动关键帧左侧的速度控制线进行加速调整，如图3-12所示。按住【Alt】键拖动速度关键帧，可以调整其位置。

图3-9　预览视频画面

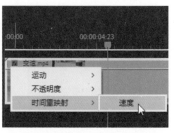

图3-10　选择"速度"命令

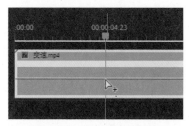

图3-11　添加速度关键帧

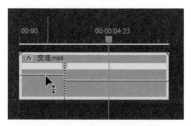

图3-12　拖动速度控制线

步骤05 拖动速度关键帧，将其拆分为左、右两个部分，出现的两个标记分别表示速度变化过渡开始和结束的关键帧，两个标记之间形成斜坡，表明它们之间速度的逐渐变化，拖动坡度上的手柄使坡度变得平滑，如图3-13所示。

步骤06 在剪辑右侧要设置画面暂停的位置添加第2个关键帧，如图3-14所示。

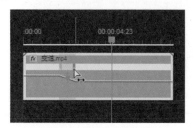

图3-13　拆分关键帧

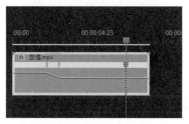

图3-14　添加关键帧

步骤07 按住【Ctrl+Alt】组合键向右拖动关键帧，设置画面暂停。将关键帧拖至暂停结束的位置后松开鼠标，在"节目"面板中预览画面效果，如图3-15所示。

步骤08 在剪辑中查看关键帧效果，画面停止的部分显示为▦样式，如图3-16所示。

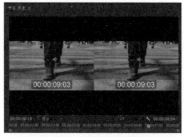

图3-15　设置画面暂停

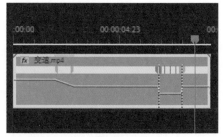

图3-16　查看关键帧

步骤 09 按住【Ctrl】键拖动第2个关键帧，设置视频倒放。将关键帧拖至倒放结束的位置，在"节目"面板的右侧画面中预览倒放结束位置的画面，如图3-17所示。

步骤 10 此时即可设置所选时间内的视频先倒放再正放。在剪辑中查看关键帧效果，视频倒放的部分显示为 样式，如图3-18所示。

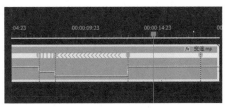

图3-17　设置视频倒放　　　　　　　　图3-18　查看关键帧

步骤 11 若要删除关键帧，可以单击关键帧将其选中，然后按【Delete】键，或者按【P】键调用钢笔工具 ，使用钢笔工具 框选多个关键帧进行删除，如图3-19所示。

步骤 12 在"效果控件"面板的"时间重映射"选项组中同样可以调整速度关键帧。用鼠标右键单击关键帧，在弹出的快捷菜单中可以对关键帧进行还原、清除等操作，如图3-20所示。

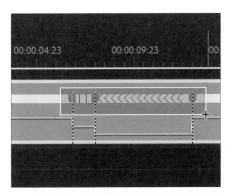
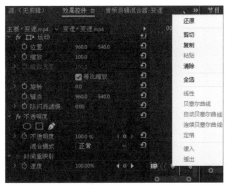

图3-19　使用钢笔工具选中关键帧　　图3-20　在"时间重映射"选项组中调整速度关键帧

3.3　短视频的调色

"Lumetri颜色"是Premiere中的调色工具，它提供了基本校正、创意、曲线、色轮和匹配、HSL辅助等多种调色工具。下面介绍如何对短视频进行调色。

↘ 3.3.1　使用颜色示波器

Premiere内置了一组颜色示波器，用于帮助用户准确评估和修正剪辑的颜色。下面介绍两种常用的颜色示波器：RGB分量图和矢量示波器YUV。

1. RGB分量图

RGB分量图用于观察画面中红色、绿色、蓝色的色彩平衡，并根据需要进行调整。打开"素材文件\第3章\调色.prproj"项目文件，打开"颜色示波器"序列，切换到"颜色"工作区，工作区左上方为"Lumetri范围"面板，用于显示各类颜色示波器，在此将颜色示波器更改为"分量（RGB）"波形图，效果如图3-21所示。

图3-21 "分量（RGB）"波形图

如果要更改颜色示波器的类型，可以用鼠标右键在"Lumetri范围"面板中单击，在弹出的快捷菜单中选择所需的类型。

分量图左侧0～100的数值代表亮度值，从上到下大致分为高光区、中间调和阴影区。下方的0对应的是画面中的暗部，在调色时可以让下方的颜色分布接近于0，但不要低于0；上方的100对应的是画面中最亮的区域，在调色时可以让上方的颜色分布接近于100，但不要超过100。中间的20～80的数值为中间调的颜色分布。分量图右侧为R、G、B各通道对应的数值，取值范围为0～255。利用分量范围还可以轻松地找出图像中的偏色，图3-21所示的画面颜色明显偏红。

2. 矢量示波器YUV

在"Lumetri 范围"面板中将颜色示波器切换为矢量示波器YUV，如图3-22所示。

图3-22 矢量示波器YUV

矢量示波器YUV代表的是画面色彩对于各种颜色的偏移状况和整体的饱和度状况。这些颜色分别为R（Red，红色）、Yl（Yellow，黄色）、G（Green，绿色）、Cy（Cyan，青色）、B（Blue，蓝色）和Mg（Magenta，品红色），这6种颜色构成一个六边形，中间的白色区域是对画面色彩分布的直观显示。可以将这个六边形看成一个色环，白色区域倾斜的方向就是画面趋近的颜色，白色区域距离中心点越远，表明该方向上的颜色饱和度越高。如果白色区域超过六边形的边线，就会出现饱和度过高的情况。

在R和Yl中间的线为"肤色线"，当用蒙版选中画面中人物的皮肤部分时，如果白色部分的分布与"肤色线"重合，表示人物肤色正常，不偏色。

↘ 3.3.2 基本颜色校正

使用"Lumetri颜色"面板中的"基本校正"功能可以调整视频画面中过暗或过亮的部分、画面的色相和明度等，还可以使用颜色查找表（Look Up Table，LUT）——一种色彩效果的预设文件进行颜色还原。

1. 调整基本校正参数

在项目中打开"基本校正·调色1"序列，在"Lumetri颜色"面板中展开"基本校正"选项组，如图3-23所示。

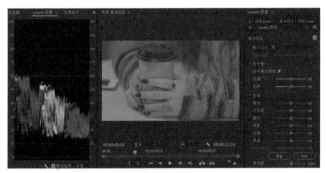

图3-23 展开"基本校正"选项组

"基本校正"选项组中各选项的含义如下。

● 白平衡：视频的白平衡反映拍摄视频时的采光条件，调整白平衡可以有效地改进视频的环境色；单击"白平衡选择器"按钮✐，然后单击画面中的白色或灰色区域，会自动调整白平衡；用户也可以拖动"色温"或"色彩"滑块，手动调整白平衡。

● 曝光：用于调整视频的亮度，向右拖动滑块可以增加曝光，向左拖动滑块可以减少曝光，一般调整的数值在0～1内。

● 对比度：调整对比度即调整视频画面亮部与暗部的对比，可以使画面变得立体或扁平。

● 高光、白色：均用于调整画面中较亮部分的色彩信息；调整"高光"时，画面中阴影区的细节不会丢失；调整"白色"时，画面中阴影区的细节会受到影响。

● 阴影、黑色：均用于调整画面中较暗部分的色彩信息；其中，"阴影"选项增加暗部信息的幅度较小，但会影响画面中的亮部信息；"黑色"选项增加暗部信息的幅度较大，但对画面中亮部信息的影响较小。

● 饱和度：用于调整画面中所有颜色的饱和度，减少饱和度可以使画面色彩逐渐变为黑白，增加饱和度可以使画面色彩变得鲜艳。

在此，根据需要对"基本校正"选项组中的各选项进行调整，效果如图3-24所示。

图3-24　调整"基本校正"效果

2. 使用LUT还原颜色

在"基本校正"选项组中除了可以调整颜色外，还可以直接一键套用LUT进行颜色还原。本案例中的视频素材为用索尼相机拍摄的log模式的视频，利用该模式拍摄的视频拥有更多的高亮、阴影信息，以及更宽的色域范围，视频画面表现为低对比度、低饱和度的灰色。

在调色时，需要使用Log to Rec.709这种类型的LUT将log模式记录的视频转换为拥有正常灰阶范围、正常对比度、正常饱和度的Rec.709标准色彩。方法为：在"基本校正"选项组的"输入LUT"下拉列表中选择"浏览"选项，弹出"选择LUT"对话框，选择所需的LUT文件，单击"打开"按钮，如图3-25所示；此时即可将视频颜色还原为正常的颜色（见图3-26），然后根据需要进一步调色。

图3-25　选择LUT文件

图3-26　查看调色效果

↘ 3.3.3　局部颜色校正

使用"Lumetri颜色"面板中的"曲线""色轮和匹配""HSL辅助"等功能可以对视频进行局部调色。

1. 使用曲线调色

"Lumetri颜色"画板中的"曲线"功能很强大，通过它能够快速、精准地对颜色进行调整。曲线调色分为两种类型，一种是RGB曲线调色，另一种是色相饱和度曲线调色。在项目中打开"曲线·公路"序列，在"Lumetri颜色"面板中展开"RGB曲线"选项。RGB曲线分为主曲线和红色、绿色、蓝色3个颜色通道曲线。

　　主曲线用于调整画面的亮度，调整主曲线的同时会调整所有3个RGB颜色通道的值。曲线的横坐标从左到右依次代表阴影区、中间调和高光区，纵坐标代表亮度值。在主曲线的高光区和阴影区中依次单击，添加两个控制点，然后将高光区的曲线向上提，将阴影区的曲线向下拉，使其呈"S"形，这样可以使画面亮部更亮，暗部更暗，增加画面的对比度，如图3-27所示。

图3-27　调整主曲线

　　若要删除控制点，可以按住【Ctrl】键单击控制点。在控制点上双击，则可以删除所有控制点。

　　主曲线调整完成后，还可以根据需要调整红色、绿色、蓝色单个通道的颜色。与白色曲线类似，红色、绿色、蓝色3种颜色的曲线用于调整画面"高光""中间调""阴影"中相应的颜色。例如，单击蓝色曲线按钮，在曲线上向下拖动右上方的控制点可以减少高光区域的蓝色，向上拖动左下方的控制点可以增加阴影区域的蓝色，如图3-28所示。

图3-28　调整蓝色通道曲线

　　使用曲线调色中的"色相饱和度曲线"功能可以对视频中基于不同类型曲线的颜色进行调整，分为"色相与饱和度""色相与色相""色相与亮度""亮度与饱和度""饱和度与饱和度"等类型。

例如，使用"色相饱和度曲线"进行调色，展开"色相饱和度曲线"选项组，在调色前需要对颜色进行采样。单击吸管工具，在画面中天空的蓝色区域取色。取色完成后将出现3个控制点，中间的控制点为吸取的颜色，向左或向右拖动两侧的控制点可以调整色彩范围，双击中间的控制点可以删除控制点重新取色。在此向下拖动中间的控制点，降低颜色饱和度，然后微调两端标记的水平位置，如图3-29所示。

图3-29　调整"色相饱和度曲线"

2．使用色轮和匹配调色

使用"色轮和匹配"功能中的色轮可以对镜头进行细微的颜色校正，使用"颜色匹配"功能可以快速匹配不同镜头之间的颜色，使视频的总体外观保持一致。在项目中打开"色轮和匹配·调色2"序列，在序列中选择要调色的剪辑，在"Lumetri颜色"面板中展开"色轮和匹配"选项组，如图3-30所示。

图3-30　展开"色轮和匹配"选项组

使用色轮可以仅对镜头的阴暗或光亮区域进行颜色调整。Premiere提供了3种色轮，分别用于调整中间调、阴影和高光的亮度、色相和饱和度。在色轮中单击可以添加颜色，双击可以删除颜色，拖动色轮旁边的滑块可以调整亮度。根据需要使用色轮进行调色，如图3-31所示。

图3-31　调整色轮

　　使用"颜色匹配"功能可以快速统一两个镜头中的颜色和光线，使短视频的总体色调保持一致。在序列中选中要调色的剪辑，然后在"颜色匹配"选项右侧单击"比较视图"按钮，如图3-32所示。

图3-32　单击"比较视图"按钮

　　进入比较视图，左侧为参考画面，右侧为当前画面。在参考画面下方拖动滑块，将播放头定位到要参考的位置，然后单击"应用匹配"按钮。此时即可匹配参考画面的颜色，在色轮和明暗滑块中可以看到做出的自动调整，如图3-33所示。

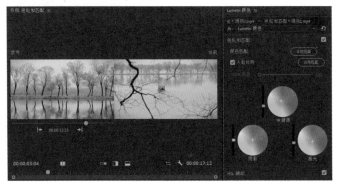

图3-33　匹配颜色

3. 使用HSL辅助调色

使用"HSL辅助"功能可以对画面中的特定颜色进行调整，而不是调整整个画面。在项目中打开"HSL辅助调色·小花2"序列，在"Lumetri颜色"面板中展开"HSL辅助"选项组，如图3-34所示。单击"设置颜色"选项后的吸管工具，在画面中的花瓣上单击吸取目标颜色。

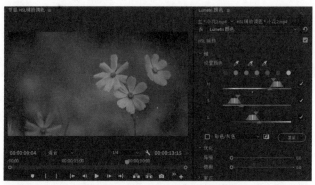

图3-34　展开"HSL辅助"选项组

在下方的颜色模式下拉列表中选择"彩色/灰色"选项，并勾选前面的复选框，此时在画面中可以看到所选的颜色范围，目标颜色以外的其他部分都变为纯灰色。单击按钮，然后在画面中单击可以添加颜色；单击按钮，然后在画面中单击可以减少颜色。拖动H、S、L滑块可以调整和优化选区，拖动顶部的三角块可以扩展或限制范围，拖动底部的三角块可以使选定像素和非选定像素之间的过渡更加平滑。

若要移动整个范围，可以拖动滑块的中心。在"优化"选项组中，拖动"降噪"滑块可以平滑颜色过渡，并移除选区中的所有杂色；拖动"模糊"滑块可以柔化选区的边缘，以混合选区，如图3-35所示。

图3-35　优化选区

选区确定完成后，取消勾选"彩色/灰色"复选框，退出该颜色模式。在"更正"选项组中使用色轮进行调色，在下方调整"色温""色彩""对比度""锐化""饱和度"等，以精确控制颜色，如图3-36所示。

图3-36 调整选区颜色

↘ 3.3.4 使用创意颜色

"Lumetri颜色"面板的"创意"选项组中提供了各种颜色预设,用户可以使用Premiere内置的LUT或第三方LUT快速调整短视频的颜色。

在项目中打开"创意调色"序列,创建调整图层,并将其添加到V2轨道上,选中调整图层,如图3-37所示。调整图层是可以放置在任何素材上方的空图层或空素材,对调整图层添加的任何效果都会应用到其下方的剪辑中,且不会对素材本身做任何修改。

在"Lumetri颜色"面板中展开"创意"选项组,在"Look"下拉列表中选择要使用的LUT,如图3-38所示。

图3-37 选中调整图层

图3-38 选择颜色预设

在"创意"选项组中单击预览图两侧的箭头按钮,可以逐个预览LUT颜色效果,单击预览图即可应用该效果。调整"强度"参数值设置应用LUT效果的强度,向左拖动滑块可以减小效果强度,向右拖动滑块可以增加效果强度,如图3-39所示。

在"调整"选项组中拖动"淡化胶片"滑块可以应用淡化视频效果,使画面产生雾蒙蒙的效果。向右拖动"锐化"滑块可以调整画面中图像的边缘清晰度,使视频中的细节显得更明显。拖动"自然饱和度"或"饱和度"滑块可以调整画面色彩的浓艳程度,其中"自然饱和度"只对低饱和度的色彩进行更改,对高饱和度的色彩影响较小。

使用"阴影色彩"或"高光色彩"色轮可以调整画面中阴影和高光的色彩值。"色彩平衡"选项则用于平衡剪辑中任何多余的洋红色或绿色。根据需要调整各选项，如图3-40所示。

图3-39 调整强度

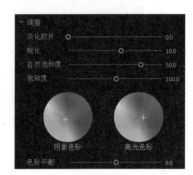

图3-40 调整各选项

调色完成后，可以取消勾选"创意"选项右侧的复选框，在"节目"面板中预览调色前后的对比效果，如图3-41所示。

图3-41 预览调色前后的对比效果

3.4 制作各种效果

对视频剪辑添加各种效果可以为短视频增添特别的视觉效果，或者提供不同的功能属性。下面将使用不同的效果为短视频制作融合效果、影片开幕效果、相片定格效果、渐变擦除转场效果，并进行视频抠像。

↘ 3.4.1 制作融合效果

使用蒙版可以将效果应用于剪辑中的一帧或特定部分，例如在剪辑中定义要模糊、覆盖、高光显示、应用效果或校正颜色的特定区域。下面使用蒙版将两个剪辑的画面融合在一起，具体操作方法如下。

步骤 01 打开"素材文件\第3章\视频融合.prproj"项目文件，序列中包括两个剪辑，V2轨道为"滑雪"剪辑，V1轨道为"海浪"剪辑，在"节目"面板中预览剪辑画面，如图3-42所示。

步骤 02 在序列中选中V2轨道上的"滑雪"剪辑，如图3-43所示。

图3-42　预览剪辑画面

图3-43　选中"滑雪"剪辑

步骤 03 在"效果控件"面板的"不透明度"效果中单击"创建椭圆形蒙版"按钮◯创建蒙版，选中"蒙版（1）"，如图3-44所示。

步骤 04 在"节目"面板中调整蒙版路径，可以看到画面中只显示蒙版区域的部分，如图3-45所示。

图3-44　创建蒙版

图3-45　调整蒙版路径

步骤 05 在"不透明度"效果中设置"蒙版羽化"为100.0，"蒙版不透明度"为70.0%，如图3-46所示。

步骤 06 在"节目"面板中预览剪辑效果，如图3-47所示。

图3-46　设置"蒙版"效果

图3-47　预览剪辑效果

↘ 3.4.2　制作影片开幕效果

下面使用"裁剪"效果制作影片开幕效果，具体操作方法如下。

步骤 01 打开"素材文件\第3章\影片开幕.prproj"项目文件，在序列中选中剪辑，然后在"效果"面板中搜索"裁剪"。双击"裁剪"效果，为所选剪辑添加该效果，如图3-48所示。

步骤02 在"效果控件"面板的"裁剪"效果中启用"顶部"动画，添加两个关键帧，设置"顶部"分别为50.0%、0.0%，如图3-49所示。然后采用同样的方法编辑"底部"关键帧动画。

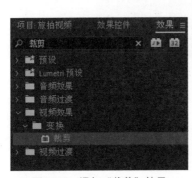 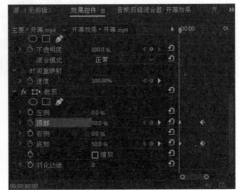

图3-48　添加"裁剪"效果　　　　图3-49　设置"裁剪"效果

步骤03 选中4个关键帧，用鼠标右键单击所选帧，在弹出的快捷菜单中选择"缓入"命令，如图3-50所示。再次用鼠标右键单击所选帧，在弹出的快捷菜单中选择"缓出"命令。

步骤04 展开"顶部"选项组，调整关键帧的贝塞尔曲线，如图3-51所示。

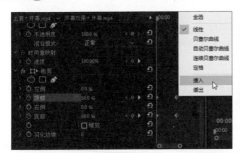 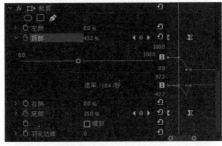

图3-50　设置关键帧缓入缓出　　　图3-51　调整"顶部"关键帧的贝塞尔曲线

步骤05 展开"底部"选项组，采用同样的方法调整关键帧的贝塞尔曲线，如图3-52所示。

步骤06 在"节目"面板中预览开幕动画效果，如图3-53所示。

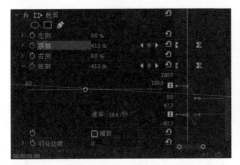 

图3-52　调整"底部"关键帧的贝塞尔曲线　　图3-53　预览开幕动画效果

↘ 3.4.3 制作相片定格效果

下面将剪辑中的精彩瞬间定格为相片，并编辑定格动画，具体操作方法如下。

步骤 01 打开"素材文件\第3章\相片定格.prproj"项目文件，将时间线定位到要定格为相片的位置，如图3-54所示。

步骤 02 在序列中用鼠标右键单击剪辑，在弹出的快捷菜单中选择"插入帧定格分段"命令，如图3-55所示。

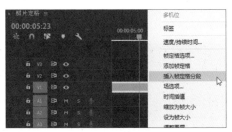

图3-54 定位时间线 　　图3-55 选择"插入帧定格分段"命令

步骤 03 此时即可插入一段帧定格剪辑，按住【Alt】键向上拖动帧定格剪辑，将其复制到V2轨道上，如图3-56所示。

步骤 04 选中V2轨道上的帧定格剪辑，在"效果"面板中搜索"变换"，双击"变换"效果添加该效果，如图3-57所示。

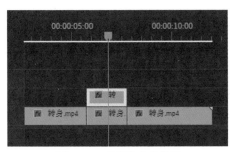

图3-56 复制帧定格剪辑 　　图3-57 添加"变换"效果

步骤 05 在"效果控件"面板的"变换"效果中启用"缩放"动画，添加4个关键帧，设置"缩放"分别为100.0、70.0、70.0、100.0；启用"旋转"动画，添加4个关键帧，设置"旋转"分别为0.0°、-2.0°、-2.0°、0.0°，如图3-58所示。

步骤 06 为帧定格剪辑继续添加"油漆桶"效果，在"效果控件"面板中设置"油漆桶"效果的各项参数，如图3-59所示。

步骤 07 为帧定格剪辑继续添加"投影"效果，在"效果控件"面板中设置"投影"效果的各项参数，如图3-60所示

步骤 08 为帧定格剪辑继续添加"基本3D"效果，启用"倾斜"动画，添加4个关键帧，设置"倾斜"分别为0.0°、5.0°、-5.0°、0.0°，如图3-61所示。

图3-58 设置"变换"效果

图3-59 设置"油漆桶"效果

图3-60 设置"投影"效果

图3-61 设置"基本3D"效果

步骤 **09** 在序列中选中V1轨道上的帧定格剪辑，为其添加"高斯模糊"效果，在"效果控件"面板中设置"高斯模糊"效果的各项参数，如图3-62所示。

步骤 **10** 在"节目"面板中播放视频，预览视频相片定格效果，如图3-63所示。

图3-62 设置"高斯模糊"效果

图3-63 预览视频相片定格效果

↘ 3.4.4 制作渐变擦除转场效果

渐变擦除转场是以画面的明暗作为渐变的依据，在两个镜头之间实现画面从亮部到暗部或从暗部到亮部的渐变过渡。下面制作渐变擦除转场效果，具体操作方法如下。

步骤 **01** 打开"素材文件\第3章\渐变擦除转场.prproj"项目文件，在"节目"面板中预览"视频1"和"视频2"剪辑画面，如图3-64所示。

步骤 **02** 在序列中将"视频1"剪辑移至V2轨道上，调整"视频2"剪辑的位置，使其与"视频1"剪辑有重叠部分。对"视频1"剪辑中的重叠部分进行裁剪，选中重叠部分，如图3-65所示。

图3-64 预览剪辑画面

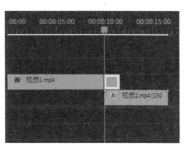

图3-65 选中重叠部分

步骤03 在"效果"面板中搜索"渐变擦除",双击"视频效果"文件夹下的"渐变擦除"效果添加该效果,如图3-66所示。

步骤04 在"效果控件"面板的"渐变擦除"效果中启用"过渡完成"动画,添加两个关键帧,设置"过渡完成"分别为0%、100%,"过渡柔和度"为50%,如图3-67所示。

图3-66 添加"渐变擦除"效果

图3-67 设置"渐变擦除"效果

步骤05 在"节目"面板中预览两个剪辑之间的渐变擦除转场效果,如图3-68所示。

步骤06 在"渐变擦除"效果中勾选"反转渐变"复选框,实现画面亮部和暗部的反转渐变效果,如图3-69所示。

图3-68 预览渐变擦除转场效果

图3-69 预览"反转渐变"效果

3.4.5 视频抠像

视频抠像技术通过吸取画面中的某一种颜色作为透明色,将其从画面中抠去,从而使视频背景变得透明。常用的视频背景有绿幕背景和蓝幕背景,所以前景物体上最好不要带有所选视频背景的颜色。

在Premiere中使用"超级键"效果可以对绿幕或蓝幕视频素材进行快速抠像处理，具体操作方法如下。

步骤01 打开"素材文件\第3章\视频抠像.prproj"项目文件，在"项目"面板中将"人物2"视频素材拖至"新建项"按钮 🗐 上，创建"人物2"序列，如图3-70所示。

步骤02 将"绿幕素材"添加到序列的V2轨道上，按【R】键调用比率拉伸工具 🖼 ，使用该工具拖动绿幕素材的出点到音乐节奏点位置，如图3-71所示。

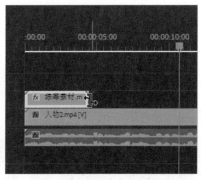

图3-70　创建序列　　　　　　　　　图3-71　使用比率拉伸工具调整出点

步骤03 按住【Alt】键向右拖动"绿幕素材"剪辑，复制多个剪辑。选中所有"绿幕素材"剪辑，用鼠标右键单击所选剪辑，在弹出的快捷菜单中选择"嵌套"命令，如图3-72所示。

步骤04 在弹出的对话框中输入嵌套序列名称"钟摆"，单击"确定"按钮，如图3-73所示。

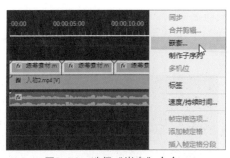
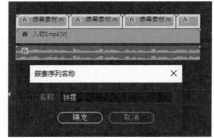

图3-72　选择"嵌套"命令　　　　　　图3-73　输入嵌套序列名称

步骤05 在序列中选中"钟摆"剪辑，在"效果"面板中搜索"超级键"，双击"超级键"效果添加该效果，如图3-74所示。

步骤06 在"效果控件"面板的"超级键"效果中单击吸管工具 🖊 ，如图3-75所示。

步骤07 在"节目"面板中绿幕素材的绿色背景上单击吸取颜色，如图3-76所示。

步骤08 此时即可进行视频抠像，可以看到绿幕素材的绿色背景已经抠除干净，显示出V1轨道上的剪辑，如图3-77所示。

图3-74　添加"超级键"效果

图3-75　单击吸管工具

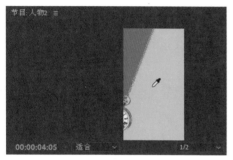

图3-76　在绿色背景上单击

图3-77　预览抠像效果

步骤 09 若抠像效果不佳，可以在"超级键"效果的"遮罩生成"选项组中设置"透明度""高光""阴影""容差""基值"等参数，进行抠像调整，如图3-78所示。

步骤 10 在"项目"面板中用鼠标右键单击"人物1"视频素材，在弹出的快捷菜单中选择"从剪辑新建序列"命令，创建"人物1"序列，如图3-79所示。

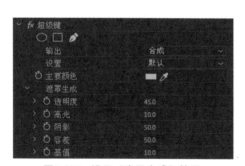

图3-78　设置"遮罩生成"效果

图3-79　创建"人物1"序列

步骤 11 将"人物2"序列从"项目"面板中拖至"人物1"序列的V2轨道上，选中"人物2"剪辑，如图3-80所示。

步骤 12 按照前面的方法为"人物2"剪辑添加"超级键"效果，然后使用吸管工具 在"人物2"剪辑的蓝色背景上单击吸取颜色，进行视频抠像，如图3-81所示。

步骤 13 在"节目"面板中预览视频效果，随着时钟摆动显示不同的视频画面，如图3-82所示。

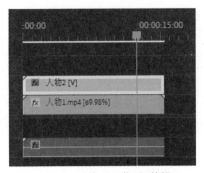

图3-80　选中"人物2"剪辑

图3-81　在蓝色背景上单击

图3-82　预览视频效果

课后练习

　　打开"素材文件\第3章\课后练习"文件夹，打开"故障风转场"项目文件，使用"波形变形""块溶解""算术"等效果在文字剪辑之间制作故障失真转场效果并设置RGB分离。

　　关键操作：编辑"波形高度"和"波形宽度"关键帧动画，设置"算术"效果，编辑"位置"动画。

第 4 章
制作网店商品短视频

　　网店经常以短视频的形式来展示商品，短视频可以全方位地展现商品的外观、使用方法和使用效果等，比单纯的图片和文字更加令人信服。本章将通过制作一款鞋子的商品短视频介绍制作此类短视频的方法，包括网店商品短视频的剪辑思路、剪辑网店商品短视频、添加视频效果、添加字幕，以及视频调色等。

【学习目标】

➢ 了解网店商品短视频的剪辑思路。
➢ 掌握剪辑网店商品短视频的方法。
➢ 掌握为网店商品短视频添加视频效果的方法。
➢ 掌握为网店商品短视频添加字幕的方法。
➢ 掌握为网店商品短视频调色的方法。

4.1　网店商品短视频的剪辑思路

网店商品短视频以影音结合的方式，在较短的时间内将商品的重要信息呈现出来，通过视听的刺激来激发消费者的购买欲。网店商品短视频的分镜内容一般包括商品整体外观展示、商品细节展示、商品卖点展示及商品使用或应用场景展示等。在剪辑网店商品短视频时，应遵循以下剪辑思路。

1.　明确短视频尺寸和比例

在制作网店商品短视频前，先要确定短视频尺寸及规格要求。当前电商平台分为PC端和移动端两大类，以淘宝为例，PC端对短视频比例的要求为1：1或16：9，建议选用1：1，这样的尺寸更能满足商品主图的展示需求，消费者的观看体验也更好。移动端对短视频比例的要求为3：4或9：16的竖屏，建议选用3：4，以便被其他购物频道抓取后进行展现，从而获取更多的曝光机会。

对于短视频尺寸，建议长度和宽度都不低于800像素。上传的短视频格式应为MP4格式。

2.　控制时长

商品短视频大致可以分为商品展示型和内容型两种类型。商品展示型短视频的时长为9秒至30秒，主要用于商品外观和功能的展示，大多数商品短视频都是这种类型。内容型短视频则是在商品展示的基础上融入了简单的情景与剧情，时长一般在3分钟之内。

在实际剪辑过程中，最好先剪辑出一个完整1分钟的版本，再根据不同电商平台的要求分别剪辑出不同时长的版本。一般放在商品主图展示的短视频时长要控制在30秒以内。

3.　安排画面构图

构图是影响画面视觉感受的重要因素之一，商品短视频之所以会有如此强大的宣传效应，强烈且具象的感官刺激是最核心的因素之一。在安排画面构图时，应遵循以下构图法则。

（1）主体明确

画面构图的主要目的是突出主体商品，因此在进行商品短视频构图时，要将主体商品放在醒目的位置上，例如让主体商品位于画面的中心位置。

（2）设置陪衬

当画面中不只有一个商品形象，还有背景和装饰物品等进行陪衬时，在构图时应注意主次分明，不要让陪衬物品抢了主体商品的风头。

（3）画面简洁

虽然有时为了突出主体商品，需要背景与装饰物品进行衬托，但也要力求画面简洁，避免出现杂乱无章的情况。因此，在拍摄商品短视频时，要敢于舍弃一些不必要的装饰。如果遇到比较杂乱的背景，可以采取大光圈的方法，让后面的背景模糊不清，或者利用后期编辑来模糊商品背景，从而达到突出主体商品、使画面简洁的目的，如图4-1所示。

（4）场景衬托

将被摄商品主体放在合适的场景中，不仅能够突出商品主体，还可以为画面增加隆重的现场感，显得更加真实可信，如图4-2所示。

（5）利用线条构图

这里所说的线条一般是指画面所表现出的明暗分界线和形象之间的连接线，如地平线、道路的轨迹、排成一行的树木的连线等。根据线条位置的不同，可以将其分为外部线条和内部线条。外部线条是指画面形象的轮廓线，内部线条则是指被摄商品主体中的线条。

不同的线条结构在画面中会让人产生不同的视觉感受，拍摄者可以根据实际情况和构图的需要让线条以水平线、垂直线、斜线、曲线等形式在画面中出现，如图4-3所示。

图4-1 画面简洁　　　　图4-2 场景衬托　　　　图4-3 线条构图

4. 添加背景音乐、配音和字幕

商品短视频的背景音乐要适合商品本身，尽量使用与商品调性一致的音乐。一般商品短视频不需要配音，如果需要则要求条理明确且语言清晰，能够讲出产品的卖点、优点等。字幕的添加要根据特定镜头做专门的文本讲解或者根据配音显示字幕，主要是商品卖点的提炼、注释等。

4.2 剪辑网店商品短视频

下面对拍摄的商品短视频素材进行剪辑，包括新建项目并导入素材、添加视频剪辑并调整画面和调整视频剪切点。

↘ 4.2.1 新建项目并导入素材

下面为制作的商品短视频创建项目并导入所需的素材，具体操作方法如下。

步骤 01 启动Premiere，按【Ctrl+Alt+N】组合键打开"新建项目"对话框，设置项目名称和保存位置，单击"确定"按钮，如图4-4所示。

步骤 02 按【Ctrl+I】组合键打开"导入"对话框，选择要导入的素材，单击"打开"按钮，如图4-5所示。

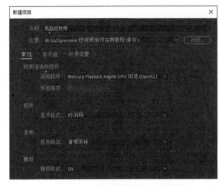 

图4-4 "新建项目"对话框   图4-5 导入素材文件

步骤03 单击"项目"面板下方的"图标视图"按钮，预览视频素材，根据需要对素材进行筛选和排序。选中素材，拖动下方的播放头预览内容，如图4-6所示。

图4-6 素材筛选与排序

↘ 4.2.2 添加剪辑并调整画面

下面创建"商品短视频"序列，在"源"面板中对视频素材要使用的部分进行选取，并将其添加到序列中，然后在"效果控件"面板中对画面的大小、位置、旋转角度等进行调整，具体操作方法如下。

步骤01 按【Ctrl+N】组合键打开"新建序列"对话框，选择"设置"选项卡，在"编辑模式"下拉列表中选择"自定义"选项，然后设置"时基"为25.00帧/秒，"帧大小"水平为810、垂直为1080（即3∶4的比例），"像素长宽比"为"方形像素（1.0）"，如图4-7所示。设置完成后，单击"确定"按钮。

步骤02 在"项目"面板中双击"视频1"素材，如图4-8所示。

步骤03 在"源"面板中预览视频素材，将播放头定位到剪辑的出点位置，单击"标记出点"按钮或按【O】键，标记剪辑的出点，如图4-9所示，然后拖动"仅拖动视频"按钮到"时间轴"面板的序列中。

步骤04 在弹出的对话框中单击"保持现有设置"按钮，添加剪辑，如图4-10所示。

图4-7 设置序列

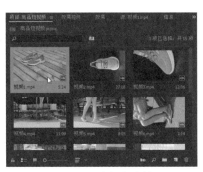

图4-8 双击视频素材

图4-9 标记剪辑的出点

图4-10 单击"保持现有设置"按钮

步骤05 在序列中选中"视频1"剪辑,在"效果控件"面板中启用"运动"效果中的"位置"动画。将时间线移至最左侧,将鼠标指针置于*x*轴坐标值上,当指针变为双向箭头时左右拖动调整*x*轴坐标参数值,如图4-11所示。

步骤06 在"节目"面板中预览剪辑画面,如图4-12所示。

图4-11 设置*x*轴坐标参数值

图4-12 预览剪辑画面

步骤07 在"效果控件"面板中将时间线向右移动一定距离,修改*x*轴坐标参数值,自动添加第2个位置关键帧,如图4-13所示。此时,即可制作位置动画,使画面从左侧移至右侧。

步骤08 在"节目"面板中预览剪辑效果,如图4-14所示。

图4-13　设置x轴坐标参数值

图4-14　预览剪辑效果

步骤 **09** 在"效果控件"面板中将第2个位置关键帧拖至最右侧，如图4-15所示。

步骤 **10** 在"项目"面板中双击"视频2"素材，在"源"面板中标记剪辑的入点和出点，如图4-16所示，然后拖动"仅拖动视频"按钮 到"时间轴"面板的序列中。

图4-15　调整关键帧的位置

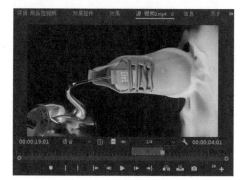

图4-16　标记剪辑的入点和出点

步骤 **11** 在序列中选中"视频2"剪辑，在"效果控件"面板的"运动"效果中设置"位置""缩放""旋转"等参数值，如图4-17所示。

步骤 **12** 在"节目"面板中预览剪辑效果，如图4-18所示。

图4-17　设置"运动"效果

图4-18　预览剪辑效果

步骤 **13** 采用同样的方法，继续在序列中添加其他剪辑，并通过"效果控件"面板调整画面构图，如图4-19所示。在序列中添加剪辑时，有时需要对视频素材进行重复使用，这就需要在"源"面板中对要使用的部分进行重新标记，再将剪辑添加到序列中，在此"视频6""视频7""视频12"等素材都使用了多次。

图4-19 添加其他视频剪辑

↘ 4.2.3 调整剪切点

下面使用编辑工具调整剪辑的剪切点，使其与音乐节奏点对齐，或使两个剪辑之间的动作更加连贯，具体操作方法如下。

步骤 01 将"音乐"音频素材添加到A1轨道上，单击A1轨道头部的"切换轨道锁定"按钮🔒，锁定该轨道，如图4-20所示。

步骤 02 按【A】键调用向前选择轨道工具➡，单击"视频2"剪辑选中该轨道上右侧的全部剪辑。向右拖动所选剪辑，使"视频1"剪辑右侧留出一定空隙，如图4-21所示。

图4-20 锁定A1轨道

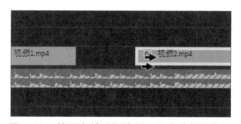

图4-21 使用向前选择轨道工具移动剪辑位置

步骤 03 根据背景音乐节奏，将时间线定位到要切换镜头的位置。按【R】键调用比率拉伸工具➡，调整"视频1"剪辑的出点到时间线位置，如图4-22所示。

步骤 04 采用同样的方法调整"视频2"和"视频3"剪辑，使剪辑的出点和入点与音乐的节奏点对齐，如图4-23所示。

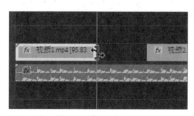

图4-22 使用比率拉伸工具调整剪辑

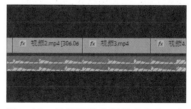

图4-23 继续调整剪辑的出点和入点

步骤 05 按【B】键调用波纹编辑工具➡，使用该工具在"视频4"和"视频5"剪辑之间的剪切点上双击，如图4-24所示。

步骤 06 在"节目"面板中将显示剪切点处的两屏画面，选择要修剪的画面，然后单击画面下方的按钮向后或向前进行修剪，使两个镜头衔接处的走路动作连贯，如图4-25所示。采用同样的方法，对其他剪辑进行修剪。

图4-24　双击剪切点　　　　　　　　　图4-25　单击修剪按钮

4.3　添加各种效果

下面为网店商品短视频添加各种效果，包括添加过渡效果、制作画面分屏效果，以及制作片尾动画效果等。

↘ 4.3.1　添加过渡效果

网店商品短视频剪辑完成后，可以在"节目"面板中预览短视频的整体效果，对于镜头衔接不自然的剪辑可以为其添加过渡效果。下面为剪辑添加Premiere内置的过渡效果，并设置过渡效果参数，具体操作方法如下。

步骤 01　在"效果"面板的"视频过渡"文件夹中展开"溶解"文件夹，选择"黑场过渡"效果，如图4-26所示。

步骤 02　将"黑场过渡"效果拖至"视频1"和"视频2"剪辑之间，双击"黑场过渡"效果，在弹出的对话框中设置过渡持续时间，单击"确定"按钮，如图4-27所示。

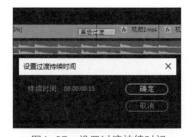

图4-26　选择"黑场过渡"效果　　　　　图4-27　设置过渡持续时间

步骤 03　在"效果"面板中展开"擦除"文件夹，选择"带状擦除"效果，如图4-28所示。

步骤 04　将"带状擦除"效果拖至"视频11"和"视频12"剪辑之间，选中该过渡效果，如图4-29所示。

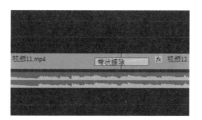

图4-28 选择"带状擦除"效果　　　　　　图4-29 选中"带状擦除"效果

步骤 05 在"效果控件"面板中设置擦除方向和持续时间，在"对齐"下拉列表中选择"终点切入"选项，如图4-30所示。

步骤 06 设置"边框宽度"为2.0，"边框颜色"为白色，单击"自定义"按钮，如图4-31所示。

图4-30 设置"带状擦除"效果　　　　　　图4-31 单击"自定义"按钮

步骤 07 弹出"带状擦除设置"对话框，设置"带数量"为2，单击"确定"按钮，如图4-32所示。

步骤 08 在"节目"面板中预览"带状擦除"过渡效果，如图4-33所示。

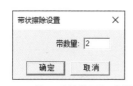

图4-32 设置"带数量"参数值　　　图4-33 预览"带状擦除"过渡效果

↘ 4.3.2 制作画面分屏效果

下面利用"复制"效果制作画面分屏效果，具体操作方法如下。

步骤 **01** 在序列中选中"视频8"剪辑，用鼠标右键单击该剪辑，在弹出的快捷菜单中选择"嵌套"命令，创建嵌套序列，如图4-34所示。

步骤 **02** 在弹出的对话框中输入嵌套序列名称"视频8"，单击"确定"按钮，如图4-35所示。

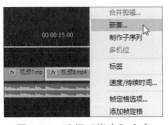

图4-34 选择"嵌套"命令　　　　　　图4-35 输入嵌套序列名称

步骤 **03** 将"视频8"剪辑移至V2轨道上，并对要制作画面分屏效果的部分进行裁剪，选中该部分剪辑，如图4-36所示。

步骤 **04** 在"效果"面板中搜索"变换"，双击"变换"效果添加该效果，如图4-37所示。

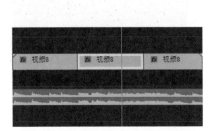

图4-36 选中"视频8"部分剪辑　　　　图4-37 添加"变换"效果

步骤 **05** 在"效果控件"面板的"变换"效果中设置"缩放"为92.0，如图4-38所示。

步骤 **06** 采用同样的方法，为所选剪辑添加"复制"效果，然后在"复制"效果中设置"计数"为2，如图4-39所示。

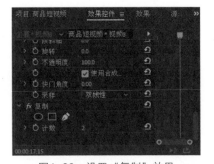

图4-38 设置"变换"效果　　　　　　图4-39 设置"复制"效果

步骤 **07** 在"节目"面板中预览画面分屏效果，如图4-40所示。

步骤 **08** 在"项目"面板右下方单击"新建项"按钮，在弹出的下拉列表中选择"颜色遮罩"选项，如图4-41所示。

图4-40　预览画面分屏效果　　　　图4-41　选择"颜色遮罩"选项

步骤 **09** 在弹出的对话框中设置颜色，单击"确定"按钮，如图4-42所示。

步骤 **10** 在弹出的对话框中输入颜色遮罩的名称，单击"确定"按钮，如图4-43所示。

图4-42　设置颜色　　　　　　图4-43　输入名称

步骤 **11** 在"项目"面板中用鼠标右键单击"背景颜色"素材，在弹出的快捷菜单中选择"速度/持续时间"命令，如图4-44所示。

步骤 **12** 在弹出的对话框中设置"持续时间"为1秒，单击"确定"按钮，如图4-45所示。

图4-44　选择"速度/持续时间"命令　　图4-45　设置持续时间

步骤 13 将颜色遮罩素材添加到V1轨道上并修剪其长度，将其置于"视频8"剪辑的下方，如图4-46所示。

步骤 14 在"节目"面板中预览画面分屏效果，如图4-47所示。

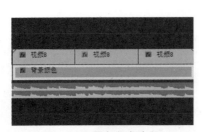

图4-46　添加颜色遮罩　　　　图4-47　预览画面分屏效果

↘ 4.3.3　制作片尾动画效果

下面利用"圆形"效果为最后一个视频剪辑制作片尾结束动画，具体操作方法如下。

步骤 01 在序列中选中"视频14"剪辑，如图4-48所示。

步骤 02 在"效果"面板中搜索"圆形"，双击"圆形"效果添加该效果，如图4-49所示。

图4-48　选中剪辑　　　　　图4-49　添加"圆形"效果

步骤 03 在"效果控件"面板中设置"圆形"效果中的"中心""半径""边缘""混合模式"等参数，如图4-50所示。

步骤 04 在"节目"面板中预览"圆形"效果，如图4-51所示。

图4-50　设置"圆形"效果　　　图4-51　预览"圆形"效果

步骤 05 启用"半径"关键帧，向左侧移动时间线。修改"半径"参数值，使圆形包括整个画面，制作圆形收缩动画，如图4-52所示。

步骤 06 在"效果控件"面板中复制"圆形"效果，按【Ctrl+V】组合键粘贴效果，在第2个"圆形"效果中设置"边缘"为"厚度*半径"，"厚度"为2.0，"混合模式"为"正常"，如图4-53所示。

图4-52　修改"半径"值

图4-53　复制"圆形"效果并设置

步骤 07 在"节目"面板中预览"圆形"效果动画，如图4-54所示。

图4-54　预览"圆形"效果动画

步骤 08 在"运动"效果中启用"缩放"动画，添加两个关键帧，设置第2个"缩放"为0.0，如图4-55所示。

步骤 09 在"节目"面板中预览"缩放"动画，可以看到缩放中心没有在画面的中心，如图4-56所示。

步骤 10 在"效果控件"面板中选择"锚点"选项，在"节目"面板中拖动锚点到画面的中心，如图4-57所示。

图4-55　编辑"缩放"动画

图4-56　预览"缩放"动画

图4-57　调整锚点位置

4.4 添加字幕

下面在商品短视频中添加文本，对商品功能和特点进行简单描述，并为文本制作动画效果，具体操作方法如下。

步骤 01 在序列中将时间线定位到最左侧，按【T】键调用文字工具，在"节目"面板中输入文本"SAYT RLAE"，如图4-58所示。

步骤 02 在"效果控件"面板中设置文本的字体、大小、外观等，如图4-59所示。

图4-58 输入文本   图4-59 设置文本格式

步骤 03 在"变换"效果中启用"不透明度"动画，添加两个关键帧，设置"不透明度"分别为7.0%（见图4-60）和70.0%。

步骤 04 在序列中修剪文本素材的长度，如图4-61所示。

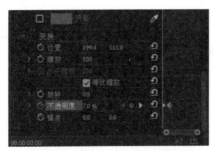
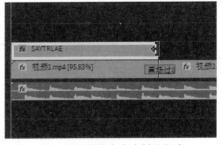

图4-60 编辑"不透明度"动画   图4-61 修剪文本素材的长度

步骤 05 在"时间轴"面板左侧单击V2轨道上的"以此轨道为目标切换轨道"按钮，取消V1轨道的功能。将时间线定位到最后一个视频剪辑的结束位置，按【Ctrl+V】组合键粘贴文本素材，如图4-62所示。

步骤 06 采用同样的方法，在短视频中添加其他文本，如图4-63所示。

步骤 07 在"视频12"剪辑上方轨道中添加并编辑文本，如图4-64所示。

步骤 08 在"节目"面板中预览文本效果，如图4-65所示。

图4-62　粘贴文本

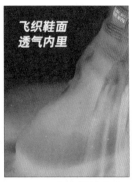

图4-63　添加其他文本

图4-64　添加并编辑文本

图4-65　预览文本效果

步骤 09　在序列中选中文本，在"效果控件"面板中单击"文本"效果中的"创建4点多边形蒙版"按钮■创建蒙版，如图4-66所示。

步骤 10　在"节目"面板中调整蒙版的大小和位置，使蒙版刚好选中文本，如图4-67所示。

图4-66　创建蒙版

图4-67　调整蒙版

步骤 11　在"变换"效果中启用"位置"动画，添加4个关键帧，并分别设置x轴坐标参

Premiere短视频制作实例教程（全彩慕课版）

数值，使文本从蒙版左侧进入，从蒙版右侧退出。在"效果控件"面板的时间线上拖动最左侧和最右侧的控制柄，调整文本开场持续时间和结尾持续时间，如图4-68所示。

步骤 **12** 在"节目"面板中预览文本动画效果，如图4-69所示。

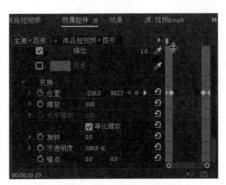

图4-68　编辑"位置"动画并设置持续时间

图4-69　预览文本动画效果

步骤 **13** 在序列中按住【Alt】键向右拖动文本素材复制文本，然后修剪文本素材长度并修改文本，如图4-70所示。

步骤 **14** 在"节目"面板中预览文本效果，如图4-71所示。

图4-70　复制并修改文本

图4-71　预览文本效果

4.5　视频调色

　　下面对网店商品短视频中曝光有问题的镜头进行调色，然后利用"HSL辅助"功能对人物的皮肤进行调色，具体操作方法如下。

步骤 **01** 在序列中选中"视频8"剪辑，如图4-72所示。

步骤 **02** 打开"Lumetri颜色"面板，在"基本校正"选项组中调整"曝光""高光""白色""黑色"等参数，如图4-73所示。

78

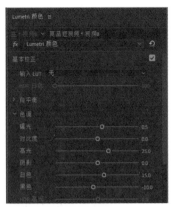

图4-72　选中剪辑　　　　　　　　图4-73　调整"基本校正"参数

步骤 **03** 勾选或取消勾选"基本校正"选项右侧的复选框，可以打开或关闭该调色效果，在"节目"面板中预览剪辑调色前后的对比效果，如图4-74所示。

图4-74　预览剪辑调色前后的对比效果

步骤 **04** 在"Lumetri颜色"面板中展开"HSL辅助"选项，单击吸管工具 ，在画面中单击人物的腿部进行颜色取样，如图4-75所示。

步骤 **05** 在下方的颜色模式下拉列表框中选择"彩色/灰色"选项，并勾选前面的复选框，此时在画面中可以看到所选的颜色范围，如图4-76所示。

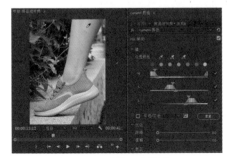
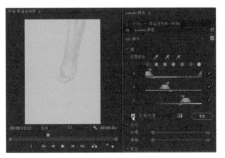

图4-75　吸取目标颜色　　　　　　图4-76　设置"彩色/灰色"颜色模式

步骤 06 单击吸管工具 ，在画面中单击要添加到选区的颜色；单击吸管工具 ，在画面中单击要从选区减少的颜色，然后拖动H、S、L滑块调整选区范围，如图4-77所示。

步骤 07 在"优化"选项组中，拖动"降噪"滑块平滑颜色过渡，拖动"模糊"滑块柔化选区的边缘，如图4-78所示。

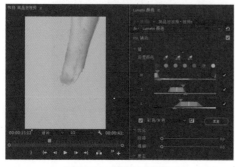

图4-77　调整选区范围

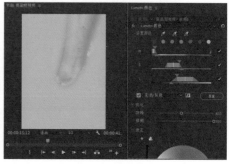

图4-78　优化选区

步骤 08 选区确定完成后，取消勾选"彩色/灰色"复选框，退出该模式。在"更正"选项组中单击 按钮，切换到三色轮模式，根据需要对选区的"高光""中间调""阴影"部分进行调整，然后在下方调整"对比度""锐化""饱和度"等参数，如图4-79所示。采用同样的方法，对其他视频剪辑进行调色。

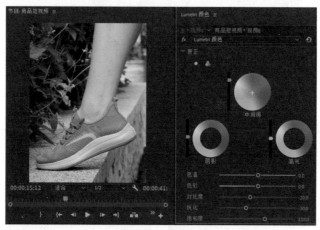

图4-79　调整颜色

课后练习

打开"素材文件\第4章\课后练习"文件夹，利用提供的商品实拍素材制作商品主图短视频。

关键操作：调整画面构图，制作画面动画效果，为短视频调色。

第 5 章
制作旅拍短视频

　　在旅行途中，人们可以拍摄风光景物，可以拍摄人文风俗，还可以记录自己的心路历程，这类短视频更多的是展示拍摄者的生活状态，表达其对生活的态度，目前在短视频平台上非常火爆。本章将通过剪辑旅拍短视频介绍制作此类短视频的方法，包括旅拍短视频的剪辑思路、剪辑方法、制作视频转场效果、编辑音频，以及视频调色与添加字幕等。

【学习目标】

➢ 了解旅拍短视频的剪辑思路。
➢ 掌握剪辑旅拍短视频的方法。
➢ 掌握为旅拍短视频制作转场效果的方法。
➢ 掌握编辑旅拍短视频音频的方法。
➢ 掌握为旅拍短视频调色与添加字幕的方法。

5.1 旅拍短视频的剪辑思路

在旅拍短视频的拍摄过程中存在很多不确定因素，途中看到的很多事物可能并不在拍摄计划中，拍摄者不仅要根据既定的拍摄路线和目标进行拍摄，还要根据旅行过程中看到的场景进行即兴发挥，这种拍摄的不确定性为后期剪辑提供了更多的可能性。在开放式的环境下，旅拍短视频的剪辑也有规律可循，主要有以下5种剪辑手法。

1. 排比剪辑法

排比剪辑法一般用于对多组不同场景、相同角度或相同行为的镜头进行组接，并将其按照一定的顺序排列在时间线上，如图5-1所示。

图5-1 使用排比剪辑法组接镜头

2. 相似物剪辑法

相似物剪辑法是指以不同场景、不同物体、相似形状、相似颜色进行素材组接，如飞机和鸟、建筑模型和摩天大楼等。这种剪辑手法会让视频画面产生跳跃的动感，从一个场景跳到另一个场景，在视觉上形成酷炫的转场效果。例如，在俯拍角度下将建筑物屋顶的旋转镜头和彩绸表演者旋转的舞姿进行组接，如图5-2所示。

图5-2 使用相似物剪辑法组接镜头

3. 混剪法

混剪法是指将拍摄到的风景和人物素材混合剪辑在一起。为了混而不乱，在挑选素材时要将风景和人物穿插排列，呈现出特别的分镜效果，这样即使没有特定的情节，看起来也不会单调。为了更好地使用混剪法，拍摄者在拍摄同一场景画面时，要从多个角度拍摄大量素材，并使用运动镜头，以获取画面张力，如图5-3所示。

图5-3 使用混剪法组接镜头

图5-3　使用混剪法组接镜头（续）

4. 环形剪辑法

如果剪辑人员不知道如何处理拍摄的素材，不妨使用环形剪辑法，以免把旅拍短视频剪辑成流水账。环形剪辑法是指从A点出发，途径B点、C点、D点，然后再巧妙地回到A点的剪辑方式。例如，在拍摄游客某一天的行程时，从酒店出发，路上经过很多地方，最后又回到酒店。在剪辑画面时，要配合音乐节奏，这样可以增强旅拍短视频的节奏感。

5. 做减法

很多新手在剪辑旅拍短视频时遇到最多的问题可能就是素材太多，不知道从何下手。因此，在剪辑时要遵循"做减法"的原则，也就是在现有视频的基础上尽量删除那些没有什么意义的素材，与此同时还要保证整体的故事性。

5.2　剪辑旅拍短视频

下面对旅行中拍摄的视频素材进行剪辑，包括新建项目并导入素材、旅拍短视频的粗剪和精剪。

5.2.1　新建项目并导入素材

下面为制作的旅拍短视频创建项目并导入所需的素材，然后对视频素材进行筛选和整理，具体操作方法如下。

步骤 01 启动Premiere，按【Ctrl+Alt+N】组合键打开"新建项目"对话框，设置项目名称和保存位置，单击"确定"按钮，如图5-4所示。

步骤 02 打开存放素材文件的文件夹，按照素材类型对素材进行分类整理，如图5-5所示。

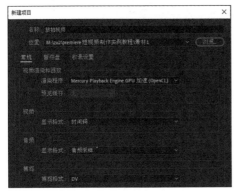

图5-4　"新建项目"对话框

图5-5　整理素材

步骤 03 将素材文件夹直接拖至"项目"面板中，双击"视频素材"素材箱，如图5-6所示。

步骤 04 打开"视频素材"素材箱，单击面板下方的"图标视图"按钮 ▦，预览视频素材。单击面板下方的"排序图标"按钮 ▤，在弹出的下拉列表中选择"名称"选项，按名称对素材排序，如图5-7所示。

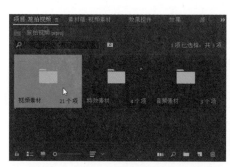

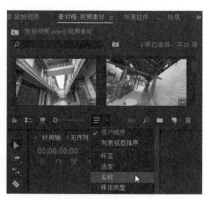

图5-6 双击"视频素材"素材箱　　　　图5-7 按"名称"对素材排序

步骤 05 根据需要对素材进行筛选和排序，在此已按剪辑顺序对素材进行了重命名。选中素材，拖动下方的播放头预览内容，如图5-8所示。

图5-8 预览素材

↘ 5.2.2 旅拍短视频的粗剪

下面对旅拍短视频进行粗剪，在剪辑时先对素材中要使用的部分进行修剪，然后按顺序将视频素材添加到"时间轴"面板中。由于本案例用到的视频素材多为运动镜头，在镜头衔接时应使镜头之间的运动方向保持一致，这就需要对一些视频素材进行倒放处理，具体操作方法如下。

步骤 01 按【Ctrl+N】组合键，打开"新建序列"对话框，在"序列预设"选项卡中选择所需的预设选项，输入序列名称，单击"确定"按钮，如图5-9所示。

图5-9 新建序列

步骤02 在"项目"面板中双击"视频1"素材，在"源"面板中标记剪辑的入点和出点，如图5-10所示，拖动"仅拖动视频"按钮圆到"时间轴"面板的序列中。

步骤03 在弹出的对话框中单击"保持现有设置"按钮，将剪辑添加到序列中，如图5-11所示。

图5-10 标记剪辑的入点和出点

图5-11 单击"保持现有设置"按钮

步骤04 继续添加"视频2""视频3""视频4""视频5""视频6"剪辑，如图5-12所示。

步骤05 拖动播放头，在"节目"面板中预览剪辑播放效果。对于需要设置倒放的剪辑，可以在序列中选中剪辑，然后按【Ctrl+R】组合键，在打开的对话框中勾选"倒放速度"复选框，单击"确定"按钮，如图5-13所示。

图5-12 添加视频剪辑

图5-13 设置剪辑倒放

步骤 **06** 用鼠标右键单击设置了倒放的剪辑，在弹出的快捷菜单中选择"嵌套"命令，如图5-14所示。

步骤 **07** 在弹出的对话框中输入嵌套序列名称，单击"确定"按钮，创建嵌套序列，如图5-15所示。

图5-14 选择"嵌套"命令

图5-15 输入嵌套序列名称

步骤 **08** 采用同样的方法，按顺序在序列中继续添加剩余的剪辑，并为设置了倒放的剪辑创建嵌套序列，完成旅拍短视频的粗剪，如图5-16所示。此处设置了倒放的剪辑包括"视频6""视频7""视频15""视频19""视频21"。

图5-16 完成旅拍短视频粗剪

↘ 5.2.3 旅拍短视频的精剪

下面对旅拍短视频进行精剪，在剪辑时以音乐节奏为剪辑依据，对视频进行变速调整，并在视频开始位置进行加速处理，以实现变速转场，具体操作方法如下。

步骤 **01** 在"项目"面板中打开"音频"素材箱，双击其中的"音乐"音频素材。在"源"面板中预览音频素材，从中标记要使用音乐的入点和出点，如图5-17所示。

步骤 **02** 将"音乐"音频素材拖至序列中的A1轨道上，将时间线定位到音频节奏点位置（即镜头转场位置），单击"添加标记"按钮▮添加标记，如图5-18所示。

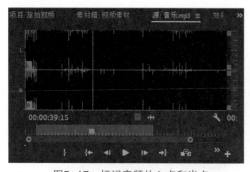

图5-17 标记音频的入点和出点

图5-18 在音频上添加标记

步骤 03 展开V1轨道，用鼠标右键单击"视频1"剪辑左上方的 fx 图标，在弹出的快捷菜单中选择"时间重映射"|"速度"命令，将轨道上的关键帧更改为速度关键帧，如图5-19所示。

步骤 04 按住【Ctrl】键在速度轨道上单击，添加速度关键帧，这里在变速的开始和结束位置各添加一个关键帧，如图5-20所示。

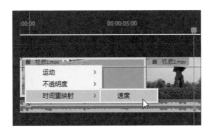

图5-19　选择"速度"命令

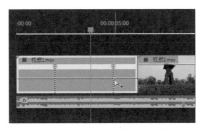

图5-20　添加速度关键帧

步骤 05 向上拖动两个关键帧之间的速度控制线到400%，加快播放速度，如图5-21所示。

步骤 06 拖动速度关键帧，将其拆分为左、右两个部分，出现的两个标记之间形成速度逐渐变化的斜坡，拖动坡度上的手柄，使坡度变得平滑，如图5-22所示。

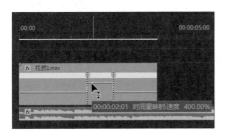

图5-21　加快播放速度

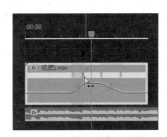

图5-22　拆分速度关键帧

步骤 07 播放"视频1"剪辑，在"节目"面板中预览速度调整效果，根据需要继续调整速度，将左侧的速度控制线向上拖至150%的位置，如图5-23所示。

步骤 08 剪辑的速度调整完成后，在"节目"面板中预览剪辑效果，如图5-24所示。采用同样的方法，对其他剪辑进行速度调整。

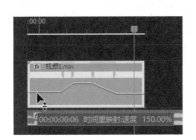

图5-23　继续调整速度

图5-24　预览剪辑效果

5.3 制作转场效果

下面为旅拍短视频中的剪辑制作转场效果，包括水墨转场效果、定格抠像转场效果、遮罩转场效果、画面分割转场效果等，使旅拍短视频镜头之间的转场富有创意。

↘ 5.3.1 制作水墨转场效果

水墨转场是通过水墨晕染的形式进行镜头切换，其效果颇具艺术感。下面在"视频1""视频2""视频3"剪辑之间制作水墨转场效果，具体操作方法如下。

步骤 01 在"音乐"剪辑的节奏点位置添加标记，表示要在此进行转场。将"视频1"剪辑移至V2轨道上，将"视频2"剪辑的开始位置移至标记位置，如图5-25所示。

步骤 02 在"项目"面板中打开"特效素材"素材箱，双击"水墨1"素材。在"源"面板中预览"水墨1"素材，标记要使用素材部分的入点和出点，如图5-26所示。

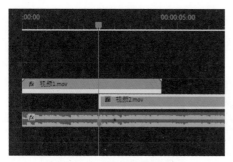

图5-25　调整剪辑位置　　　　　　　　图5-26　标记水墨素材

步骤 03 将"水墨1"素材添加到V3轨道上，使用比率拉伸工具 ▦ 向左拖动剪辑的出点，提高剪辑速度，如图5-27所示。

步骤 04 在"效果控件"面板中设置"缩放"为140.0，如图5-28所示。

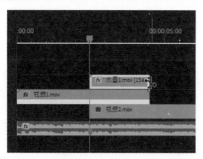

图5-27　添加"水墨1"素材并调速　　　　图5-28　设置"缩放"参数值

步骤 05 选中V2轨道上的"视频1"剪辑，按【Ctrl+K】组合键裁剪剪辑，然后选中右侧的剪辑，如图5-29所示。

步骤 06 在"效果"面板中搜索"轨道"，双击"轨道遮罩键"效果添加该效果，如图5-30所示。

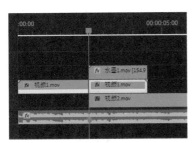

图5-29 选中右侧的剪辑

图5-30 添加"轨道遮罩键"效果

步骤07 在"效果控件"面板中设置"轨道遮罩键"效果中的"遮罩"为"视频3"（即V3轨道上的"水墨1"剪辑）、"合成方式"为"亮度遮罩"，如图5-31所示。

步骤08 在序列中选中"水墨1"剪辑，在"效果控件"面板中启用"不透明度"效果中的"不透明度"动画。添加两个关键帧，设置"不透明度"分别为100.0%（见图5-32）和0.0%。

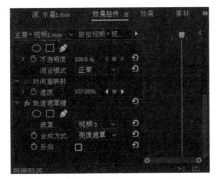

图5-31 设置"轨道遮罩键"效果

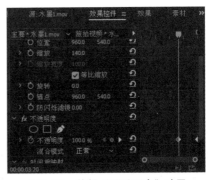

图5-32 编辑"不透明度"动画

步骤09 此时即可在"节目"面板中预览"视频1"和"视频2"剪辑之间的水墨转场效果，如图5-33所示。

步骤10 采用同样的方法，在"视频2"和"视频3"剪辑之间创建水墨笔刷转场效果。选中V3轨道上的"水墨2"剪辑，如图5-34所示。

图5-33 预览水墨转场效果

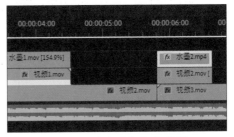

图5-34 选中"水墨2"剪辑

步骤11 在"效果控件"面板中设置"旋转"为180.0°，垂直翻转笔刷擦除方向，如图5-35所示。

步骤⑫ 在"节目"面板中预览"视频2"和"视频3"剪辑之间的水墨笔刷转场效果，如图5-36所示。

图5-35　设置"旋转"参数值

图5-36　预览水墨笔刷转场效果

↘ 5.3.2　制作定格抠像转场效果

下面使用蒙版功能在"视频4"和"视频5"剪辑之间制作定格抠像转场效果，即在切换镜头时，下一镜头中的主体对象先以定格的方式出现在上一镜头中，再转入下一镜头，具体操作方法如下。

步骤① 在序列中选中"视频5"剪辑，按【F】键在"源"面板中匹配剪辑的入点和出点范围。单击"转到入点"按钮▐◀，将播放头定位到入点位置，在下方工具栏中单击"导出帧"按钮🔘，如图5-37所示。

步骤② 在弹出的"导出帧"对话框中单击"浏览"按钮，选择图片保存位置，勾选"导入到项目中"复选框，单击"确定"按钮，如图5-38所示。

图5-37　单击"导出帧"按钮

图5-38　"导出帧"对话框

步骤③ 将导出的图片从"项目"面板拖至"视频4"剪辑的上方，修剪图片的长度为10帧，如图5-39所示。

步骤④ 在"效果控件"面板的"不透明度"效果中单击钢笔工具✒，创建蒙版，如图5-40所示。

步骤⑤ 在"节目"面板中使用钢笔工具✒对画面中的雕像进行抠像，如图5-41所示。

步骤⑥ 在"效果控件"面板的"运动"效果中启用"位置"和"缩放"动画，分别编辑"位置"和"缩放"关键帧，制作雕像从画面左侧原雕像位置到当前位置、从小到大的运动动画效果，如图5-42所示。

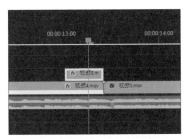

图5-39 添加并修剪图片长度

图5-40 单击钢笔工具

图5-41 使用钢笔工具抠像

图5-42 编辑"位置"和"缩放"关键帧

步骤07 在"节目"面板中预览图片动画效果，如图5-43所示。

图5-43 预览图片动画效果

步骤08 在"效果控件"面板中展开"位置"和"缩放"选项组，分别调整关键帧的贝塞尔曲线，如图5-44所示。

步骤09 在"不透明度"效果中启用蒙版中的"蒙版不透明度"动画，添加两个关键帧，设置"蒙版不透明度"分别为0.0%（见图5-45）和100.0%。

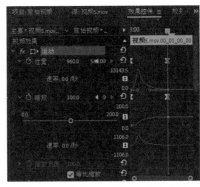

图5-44 调整关键帧的贝塞尔曲线

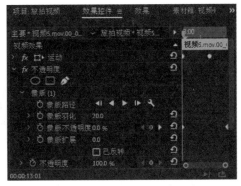

图5-45 编辑"蒙版不透明度"动画

步骤⑩ 在序列中按住【Alt】键向上拖动"视频5"图片剪辑，将其复制到V3轨道上，然后选中V3轨道上的图片剪辑，如图5-46所示。

步骤⑪ 在"效果控件"面板"不透明度"效果的蒙版中勾选"已反转"复选框，启用"蒙版不透明度"动画，添加两个关键帧，设置"蒙版不透明度"分别为0.0%（见图5-47）和100.0%。

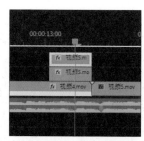

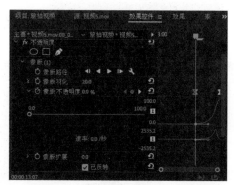

图5-46 选中图片剪辑　　　　图5-47 编辑"蒙版不透明度"动画

步骤⑫ 在"节目"面板中预览定格抠像转场效果，如图5-48所示。

图5-48 预览定格抠像转场效果

↘ 5.3.3 制作遮罩转场效果

遮罩转场是短视频中常见的转场方式之一，其制作原理是运用蒙版遮罩功能将穿过整个画面的物体边缘作为下一个画面出现的起始点，并逐渐覆盖上一个画面显现下一个画面。下面在"视频9"和"视频10"剪辑之间制作遮罩转场效果，具体操作方法如下。

步骤① 在序列中选中"视频10"剪辑，在"节目"面板中预览剪辑，可以看到该剪辑的画面为从一个瓦缸的内部到外部的拉镜头，如图5-49所示。

图5-49 预览剪辑画面

步骤② 在序列中对"视频10"剪辑的转场部分进行裁剪，如图5-50所示。

步骤 03 用鼠标右键单击转场部分，在弹出的快捷菜单中选择"嵌套"命令，在弹出的对话框中输入嵌套序列名称"视频10转场"，单击"确定"按钮，如图5-51所示。

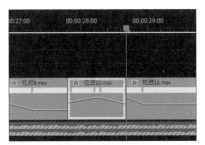

图5-50　裁剪剪辑的转场部分

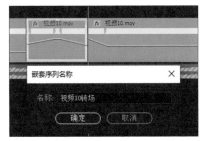

图5-51　输入嵌套序列名称

步骤 04 按住【Alt】键向上拖动"视频10转场"剪辑，将其复制到V2轨道上，选中V2轨道上的"视频10转场"剪辑，如图5-52所示。

步骤 05 在"效果控件"面板的"不透明度"效果中单击"创建椭圆形蒙版"按钮◎创建蒙版，勾选"已反转"复选框，如图5-53所示。

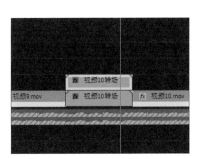

图5-52　选中剪辑

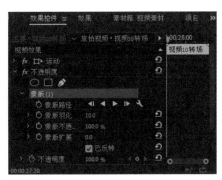

图5-53　创建蒙版

步骤 06 在"节目"面板中调整蒙版路径，如图5-54所示。

步骤 07 在"效果控件"面板中启用蒙版中的"蒙版路径"和"蒙版扩展"动画，设置"蒙版扩展"参数值，如图5-55所示。

图5-54　调整蒙版路径

图5-55　启用蒙版动画

步骤 08 在"节目"面板中单击"前进一帧"按钮▶，逐帧预览视频，然后在"效果控件"面板中调整"蒙版路径"和"蒙版扩展"参数值，使蒙版始终选中瓦缸的缸口，如图5-56所示。

步骤09 采用同样的方法，继续逐帧调整"蒙版路径"和"蒙版扩展"参数值，此时将自动生成相应的"蒙版路径"和"蒙版扩展"关键帧，如图5-57所示。

图5-56　调整蒙版路径　　　　　　　　　图5-57　自动生成关键帧

步骤10 删除V1轨道上的"视频10转场"剪辑，在"节目"面板中预览V2轨道上的"视频10转场"剪辑效果，可以看到瓦缸内的画面已被抠除，如图5-58所示。

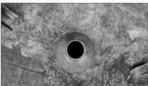

图5-58　预览"视频10转场"剪辑效果

步骤11 "视频9"剪辑的内容为展示花朵的镜头，在序列中修剪"视频9"剪辑的出点到"视频10"剪辑的开始位置，如图5-59所示。

步骤12 将时间线定位到转场位置，按【Ctrl+K】组合键裁剪"视频9"剪辑。用鼠标右键单击裁剪后的转场部分，在弹出的快捷菜单中选择"嵌套"命令，在弹出的对话框中输入嵌套序列名称"视频9转场"，单击"确定"按钮，如图5-60所示。

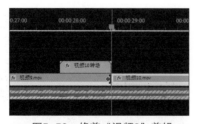

图5-59　修剪"视频9"剪辑　　　　　　　图5-60　输入嵌套序列名称

步骤13 为"视频9转场"剪辑添加"变换"效果，在"效果控件"面板中启用"变换"效果中的"位置""缩放""不透明度"动画，并根据需要编辑动画关键帧，如图5-61所示。

步骤14 在"节目"面板中预览"视频9"和"视频10"剪辑之间的遮罩转场效果，如图5-62所示。本案例中的"视频14"和"视频15"剪辑之间也运用了遮罩转场，具体操作方法在此不再赘述。

图5-61 设置"变换"效果

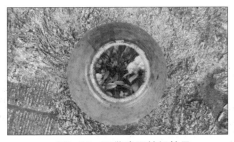

图5-62 预览遮罩转场效果

↘ 5.3.4 制作画面分割转场效果

画面分割转场就是将前一镜头从任一位置分割并划出画面，同时显现后一镜头画面。下面利用"线性擦除"效果在"视频17"和"视频18"剪辑之间制作画面分割转场效果，具体操作方法如下。

步骤01 在序列中对"视频17"剪辑的转场部分进行裁剪，如图5-63所示。

步骤02 用鼠标右键单击转场部分，在弹出的快捷菜单中选择"嵌套"命令，在弹出的对话框中输入嵌套序列名称"视频17转场"，单击"确定"按钮，如图5-64所示。

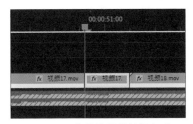

图5-63 裁剪剪辑的转场部分

图5-64 输入嵌套序列名称

步骤03 按住【Alt】键向上拖动"视频17转场"剪辑，将其复制到V2轨道上，选中V1轨道上的"视频17转场"剪辑，如图5-65所示。

步骤04 在"效果"面板中搜索"线性"，双击"线性擦除"效果添加该效果，如图5-66所示。

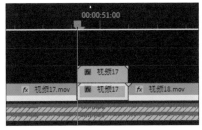

图5-65 选中剪辑

图5-66 添加"线性擦除"效果

步骤 05 在"效果控件"面板的"线性擦除"效果中设置"擦除角度"为-170.0°，"羽化"为50.0，启用"过渡完成"动画，添加两个关键帧并设置"过渡完成"分别为50%、100%，如图5-67所示。

步骤 06 选中"线性擦除"效果并按【Ctrl+C】组合键进行复制，将擦除效果粘贴到V2轨道的"视频17转场"剪辑上，在"效果控件"面板中修改"擦除角度"为10.0°，如图5-68所示。

图5-67　设置"线性擦除"效果　　　　图5-68　复制擦除效果并修改参数值

步骤 07 在序列中将两个"视频17转场"剪辑向上移动一层，然后将"视频18"剪辑组接到"视频17"剪辑的结束位置，如图5-69所示。

步骤 08 在"节目"面板中预览画面分割转场效果，如图5-70所示。

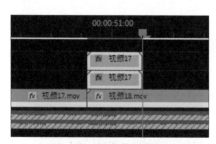

图5-69　调整剪辑位置　　　　图5-70　预览画面分割转场效果

5.3.5　使用第三方转场插件

在Premiere中除了可以手动制作视频转场效果外，还可以使用第三方转场插件一键生成更为精致的转场效果。在Premiere中使用第三方转场插件的具体操作方法如下。

步骤 01 安装第三方转场插件，或者将下载的转场预设文件保存到C:\Program Files\Adobe\Adobe Premiere Pro CC 2019\Plug-Ins\Common目录下，在此安装了Impact转场插件，如图5-71所示。

步骤 02 安装完成后，重启Premiere，在"效果"面板中即可查看新增的视频过渡效果，选择"Impact VHS损坏"转场效果，如图5-72所示。

步骤 03 将"Impact VHS损坏"转场效果拖至"视频11"剪辑的开始位置，选中该转场效果，如图5-73所示。

步骤 04 在"效果控件"面板中设置"噪声指数""像素失真""减饱和度"等参数值，如图5-74所示。

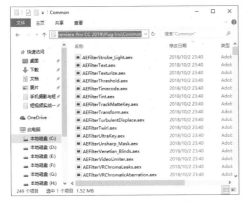

图5-71 安装第三方转场插件 　　　图5-72 选择"Impact VHS损坏"转场效果

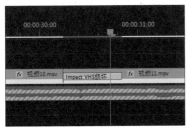

图5-73 选中"Impact VHS损坏"转场效果 　图5-74 设置"Impact VHS损坏"转场效果

步骤 05 在"节目"面板中预览"视频10"和"视频11"剪辑之间的"Impact VHS损坏"转场效果，如图5-75所示。

图5-75 预览"Impact VHS损坏"转场效果

步骤 06 在"视频13"和"视频14"剪辑之间添加"Impact缩放模糊"转场效果，选中该转场效果，如图5-76所示。

步骤 07 在"效果控件"面板中设置"缩放中心""放大/缩小""模糊"等参数值，如图5-77所示。

步骤 08 在"节目"面板中预览"Impact缩放模糊"转场效果，如图5-78所示。

步骤 09 在"视频20"和"视频21"剪辑之间添加"Impact方向模糊"转场效果，选中该转场效果，如图5-79所示。

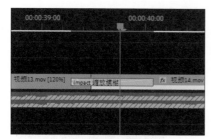

图5-76 选中"Impact缩放模糊"转场效果

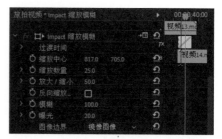

图5-77 设置"Impact缩放模糊"转场效果

图5-78 预览"Impact缩放模糊"转场效果

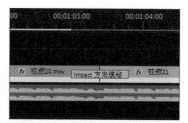

图5-79 选中"Impact方向模糊"转场效果

步骤**⑩** 在"效果控件"面板中设置"角度""模糊""曝光"等参数值，如图5-80所示。

步骤**⑪** 在"节目"面板中预览"Impact方向模糊"转场效果，如图5-81所示。

图5-80 设置"Impact方向模糊"转场效果

图5-81 预览"Impact方向模糊"转场效果

5.4 编辑音频

下面对旅拍短视频中的声音进行处理，包括调整背景音乐的音量、制作音乐的淡入/淡出效果、在视频的合适位置融入音效等，具体操作方法如下。

步骤**①** 播放短视频，在"时间轴"面板右侧的"音频仪表"面板中发现背景音乐的音量过大，已超过0 dB，音频仪表的上方出现了红色的粗线警告，如图5-82所示。

步骤**②** 用鼠标右键单击A1轨道上的背景音乐素材，在弹出的快捷菜单中选择"音频增益"命令，如图5-83所示。

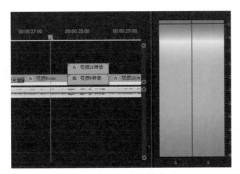

图5-82 查看音频仪表

图5-83 选择"音频增益"命令

步骤 03 在弹出的对话框中选中"调整增益值"单选按钮,设置该值为-5dB,单击"确定"按钮,如图5-84所示。

步骤 04 展开A1音频轨道,按住【Ctrl】键再单击音量控制线,在音乐剪辑的开始位置添加两个关键帧,并将左侧的音量关键帧拉到最下方,制作音频淡入效果,如图5-85所示。采用同样的方法,在音乐剪辑的结束位置制作音频淡出效果。

图5-84 调整增益值

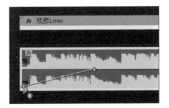

图5-85 添加与编辑音量关键帧

步骤 05 在"项目"面板中打开"音频素材"素材箱,找到要使用的音效素材,如图5-86所示。

步骤 06 将音效素材添加到A2轨道上,并将其置于视频剪辑转场位置,如图5-87所示。

图5-86 选择音效素材

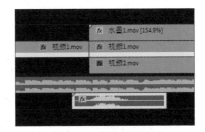

图5-87 添加转场音效

步骤 07 在"音频素材"素材箱中双击"常用特效音效"素材,在"源"面板中标记要使用音效的入点和出点,如图5-88所示,拖动"仅拖动音频"按钮 到序列中,添加音效。

步骤 08 除了在视频剪辑的转场位置添加转场音效外,还可以根据需要在视频剪辑的加速位置添加相应的加速音效。例如，在"视频17"剪辑的加速位置添加音效，如图5-89所示。

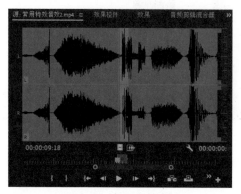

图5-88　标记音效素材

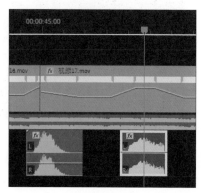

图5-89　在视频剪辑的加速位置添加音效

5.5　视频调色与添加字幕

旅拍短视频剪辑工作完成后，最后为短视频进行风格化的调色，并在片尾添加字幕。

↘ 5.5.1　旅拍短视频调色

下面使用颜色预设文件一键调整旅拍短视频的颜色，增强画面的对比度，使天空更蓝、绿植更绿，具体操作方法如下。

步骤01 在"项目"面板右下方单击"新建项"按钮🗐，选择"调整图层"选项，如图5-90所示，创建调整图层。

步骤02 将调整图层添加到最上方的视频轨道上，修剪调整图层的长度，使其覆盖整个序列，如图5-91所示。

图5-90　选择"调整图层"选项

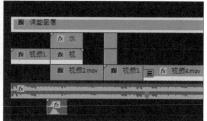

图5-91　添加调整图层

步骤03 打开"Lumetri颜色"面板，展开"创意"选项，在"Look"下拉列表中选择要使用的颜色预设LUT，拖动"强度"滑块调整应用强度，在"调整"选项中调整"自然饱和度"参数值，如图5-92所示。

步骤 04 在"节目"面板中预览应用颜色预设后的调色效果，如图5-93所示。

图5-92　应用颜色预设并调整参数值　　　　图5-93　预览调色效果

5.5.2　添加片尾字幕

下面在旅拍短视频的最后添加地点文字，并利用"裁剪"效果和"文字消散"视频素材制作文字的出场动画，具体操作方法如下。

步骤 01 使用文字工具▓在"节目"面板中输入文本"中国·宜昌"，如图5-94所示。

步骤 02 在"效果控件"面板中设置文本的字体、大小、外观等格式，如图5-95所示。

图5-94　输入文本　　　　　　　　图5-95　设置文本格式

步骤 03 打开"基本图形"面板，选择"编辑"选项卡，选中文本图层，单击"水平居中对齐"按钮▓和"垂直居中对齐"按钮▓，将文本置于画面的中央，如图5-96所示。

步骤 04 为文本添加"裁剪"效果，在"效果控件"面板中启用"裁剪"效果中的"右侧"动画，添加两个关键帧，设置"右侧"分别为70.0%（见图5-97）和38.0%。

步骤 05 在"项目"面板中打开"特效素材"素材箱，双击其中的"文字消散"视频素材，在"源"面板中标记剪辑的入点和出点，如图5-98所示。

步骤 06 拖动"仅拖动视频"按钮▓，将"文字消散"视频素材添加到V3轨道上，并将其置于文字上方，如图5-99所示。

图5-96　设置对齐方式

图5-97　设置"裁剪"效果

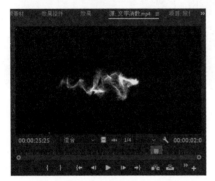

图5-98　标记剪辑的入点和出点

图5-99　添加"文字消散"视频素材

步骤 07 在"效果控件"面板中设置"缩放"和"位置"参数值，在"不透明度"效果中设置"混合模式"为"滤色"，如图5-100所示。

步骤 08 在"节目"面板中预览文字动画效果，如图5-101所示。

图5-100　设置混合模式

图5-101　预览文字动画效果

课后练习

打开"素材文件\第5章\课后练习"文件夹，使用提供的视频素材制作一条旅拍短视频，在剪辑时应注意各镜头的合理排序与转场效果的运用。

关键操作：粗剪短视频，为剪辑调速，制作转场效果。

第 6 章
制作美食短视频

美食承载了人们丰富的情感，所以美食短视频不仅能使人身心愉悦，还能让人产生共鸣，是一种热门的短视频类型。本章将通过剪辑一款轻食品牌的美食短视频来介绍制作此类短视频的方法，包括美食短视频的剪辑思路、美食短视频的粗剪、美食短视频的精剪、制作转场效果、添加音效、添加字幕等。

学习目标

➤ 了解美食短视频的剪辑思路。
➤ 掌握美食短视频的粗剪方法。
➤ 掌握美食短视频的精剪方法。
➤ 掌握为美食短视频制作转场效果的方法。
➤ 掌握为美食短视频添加音效和字幕的方法。

6.1 美食短视频的剪辑思路

现在人们打开手机就能看到各种各样的美食短视频，鲜艳亮丽的色泽、精致有趣的构图、清新明快的配乐，隔着屏幕都让人垂涎欲滴。在制作美食短视频时，应掌握以下剪辑思路。

1. 保证食材的上镜效果

在筛选视频素材时，应选择外形完好、新鲜干净、色彩鲜艳的食材镜头（见图6-1），这样才能剪辑出高质量的短视频作品。

2. 适当的运动镜头

食材本身是不会动的，让食材"动"起来可以抓住观众的眼球，如拍摄食材落水的升格镜头（见图6-2）、食材从高处落下再弹起的画面等，这样可以使原本没有生命力的食材产生亲和力，唤起消费者的好感。在画面中突出表现食材局部的运动，比表现整个食材的运动更能产生强烈的视觉效果。

图6-1　保证食材的上镜效果　　　　　　图6-2　食材落水的升格镜头

3. 凸显食材的质感

在拍摄美食视频时，利用光线可以鲜明地刻画出食材的形状，表现出食材独特的质感与纹理。凸显食材的质感应符合食材本身的属性，例如在拍摄肉类食材时，可以通过在肉的表面刷上油或酱汁等唤起观众对于肉食的色、香、味的记忆，让观众产生共鸣，如图6-3所示。

图6-3　凸显食材的质感

4. 后期调色

在拍摄美食短视频时，应尽量在光线充足的场所和时间段进行拍摄。不同的食物有着不同的颜色特点，可以通过后期调色选取适宜的色调来营造整体氛围，还可以从画面中单独抽出被摄主体的色彩对其进行色相调整，使其更符合现代生活中消费者对食品色彩的感受。

5. 后期配乐

除了在画面中展现食物的色、香、味、意、形外，声音也是制作美食短视频的一大利器。创作者可以根据短视频定位来选择恰当的配乐，如果是快剪镜头，可以搭配节奏轻快的音乐；如果是结合食物讲述食物背后的人或事的镜头，则可以选用节奏舒缓的音乐。在剪辑时，合理利用现场同期声能够还原食物的真实感，如切菜声、煎炸时热油的嗞嗞声、液体的流动声等。

6.2　美食短视频的粗剪

下面通过案例介绍如何对美食短视频进行粗剪，该短视频包括3部分的内容，分别为卤味配方的展示、卤味的制作过程及成品的展示。在剪辑时，按照顺序进行剪辑即可。

↘ 6.2.1　新建项目并导入素材

下面新建美食短视频项目并导入所需的视频素材，然后对视频素材进行筛选与整理，具体操作方法如下。

步骤01 启动Premiere，按【Ctrl+Alt+N】组合键打开"新建项目"对话框，设置项目名称和保存位置，单击"确定"按钮，如图6-4所示。

步骤02 按【Ctrl+I】组合键打开"导入"对话框，选择要导入的素材，单击"打开"按钮，如图6-5所示。

图6-4　"新建项目"对话框

图6-5　导入素材文件

步骤03 将素材导入"项目"面板中，选中所有视频素材，将所选素材拖至下方的"新建素材箱"按钮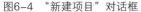上，如图6-6所示。

步骤04 将创建的素材箱重命名为"视频素材"，如图6-7所示。

图6-6 创建素材箱

图6-7 重命名素材箱

步骤 05 打开"视频素材"素材箱，单击下方的"图标视图"按钮▣，预览视频素材，根据需要对视频素材进行筛选和排序。选中视频素材，拖动下方的播放头预览视频素材，如图6-8所示。

图6-8 预览视频素材

↘ 6.2.2 将剪辑添加到序列

下面创建"美食短视频"序列，然后在"源"面板中对视频素材中要用的部分进行选取，并将其添加到序列中，具体操作方法如下。

步骤 01 按【Ctrl+N】组合键打开"新建序列"对话框，在"序列预设"选项卡中选择所需的预设选项，在下方输入序列名称，单击"确定"按钮，如图6-9所示。

图6-9 新建序列

步骤 02 在"项目"面板中双击"视频1"素材,如图6-10所示。

步骤 03 在"源"面板中预览视频素材,在左下方的时间码中可以看到时间码不是从0开始的,如图6-11所示。

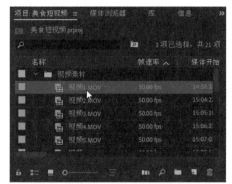

图6-10 双击视频素材

图6-11 查看时间码

步骤 04 打开"首选项"对话框,在左侧选择"媒体"选项,在右侧的"时间码"下拉列表中选择"从00:00:00:00开始"选项,单击"确定"按钮,如图6-12所示。

步骤 05 此时在"源"面板中可以看到时间码从0开始,将播放头拖至剪辑的开始位置,单击"标记入点"按钮$\sharp$或按【I】键,标记剪辑的入点,如图6-13所示。

图6-12 设置时间码

图6-13 标记剪辑的入点

步骤 06 将播放头定位到剪辑的出点位置,单击"标记出点"按钮$\sharp$或按【O】键,标记剪辑的出点,如图6-14所示。拖动"仅拖动视频"按钮$\blacksquare$到"时间轴"面板的序列中。

步骤 07 在弹出的对话框中单击"保持现有设置"按钮,如图6-15所示。

步骤 08 在"项目"面板中双击"视频2"素材,在"源"面板中标记入点和出点,如图6-16所示,拖动"仅拖动视频"按钮$\blacksquare$到序列中。

步骤 09 在序列中添加"视频2"剪辑,将其组接到"视频1"剪辑的结束位置,如图6-17所示。

步骤 10 采用同样的方法,标记其他剪辑的入点和出点,然后将其添加到序列中,如图6-18所示。

图6-14 标记剪辑的出点

图6-15 单击"保持现有设置"按钮

图6-16 标记剪辑的入点和出点

图6-17 添加"视频2"剪辑

图6-18 添加其他剪辑

↘ 6.2.3 调整剪辑画面构图

下面在"效果控件"面板中对视频画面的构图进行调整，使画面内容更简洁、画面主题更突出，具体操作方法如下。

步骤 01 在序列中选中"视频4"剪辑，在"节目"面板中预览剪辑画面，如图6-19所示。

步骤 02 在"效果控件"面板中设置"缩放"为125.0，如图6-20所示。

步骤 03 在"节目"面板中双击剪辑画面，然后拖动画面调整位置，如图6-21所示。

图6-19 预览"视频4"剪辑

图6-20 设置"缩放"参数值   图6-21 调整画面位置

步骤 **04** 采用同样的方法,调整"视频5"剪辑的画面,如图6-22所示。

图6-22 调整"视频5"剪辑的画面

步骤 **05** 采用同样的方法,调整"视频6"剪辑的画面,如图6-23所示。

图6-23 调整"视频6"剪辑的画面

步骤 **06** 采用同样的方法，调整"视频7"剪辑的画面，如图6-24所示。继续对"视频9""视频11""视频15"等剪辑的画面进行调整。

图6-24　调整"视频7"剪辑的画面

6.3　美食短视频的精剪

下面对美食短视频进行精剪，包括剪辑音频素材、根据音乐节奏修剪剪辑、编辑图片素材、制作图片转场效果、制作Logo图片回弹动画等。

6.3.1　剪辑音频素材

下面对美食短视频的背景音乐进行剪辑，并在音乐的节奏点位置添加标记，具体操作方法如下。

步骤 **01** 在"项目"面板中新建"音频素材"素材箱，然后将"音乐"素材导入素材箱中，双击"音乐"音频素材，如图6-25所示。

步骤 **02** 在"源"面板中预览音频素材，将时间线定位到47:10的位置，单击"标记出点"按钮，如图6-26所示。

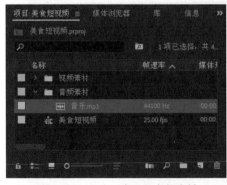 

图6-25　双击"音乐"音频素材　　　　　　　图6-26　标记音频的出点

步骤 **03** 播放音乐，并在音乐节奏点位置按【M】键添加标记，如图6-27所示。

步骤 **04** 将"音乐"音频素材添加到序列的A1轨道上，如图6-28所示。

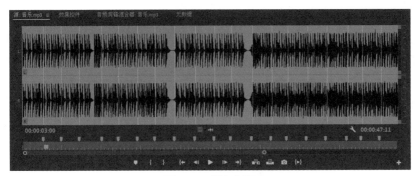

图6-27 添加标记

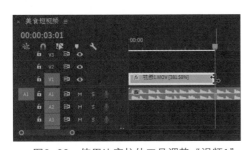

图6-28 添加"音乐"音频素材

↘ 6.3.2 根据音乐节奏修剪剪辑

下面以音乐节奏为剪辑依据对视频素材进行修剪，使视频画面的切换卡上背景音乐的节奏，具体操作方法如下。

步骤01 按【R】键调用比率拉伸工具 ，拖动"视频1"剪辑的出点到音频素材的第1个标记位置，如图6-29所示。

步骤02 使用比率拉伸工具 拖动"视频2"剪辑的出点到音频素材的第2个标记位置，如图6-30所示。

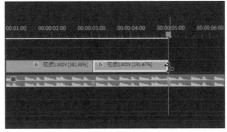

图6-29 使用比率拉伸工具调整"视频1"　　图6-30 使用比率拉伸工具调整"视频2"

步骤03 按【B】键调用波纹编辑工具 ，使用该工具修剪"视频3"剪辑的出点到音频素材的标记位置，如图6-31所示。

步骤04 按【A】键调用向前选择轨道工具 ，按住【Shift】键单击"视频5"剪辑，选中该轨道上右侧的全部剪辑，如图6-32所示。

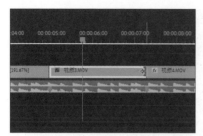
图6-31　使用波纹编辑工具修剪"视频3"

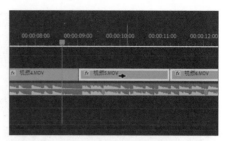
图6-32　使用向前选择轨道工具选中剪辑

步骤 05 按【V】键调用选择工具，向右拖动所选剪辑。按【R】键调用比率拉伸工具，调整"视频4"剪辑的出点到音频素材的标记位置，如图6-33所示。

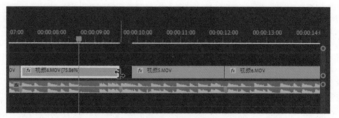
图6-33　使用比率拉伸工具调整"视频4"剪辑

步骤 06 采用同样的方法，依据音频素材的标记修剪其他视频剪辑，如图6-34所示。

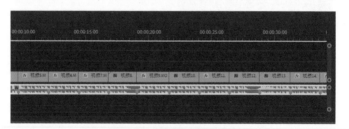
图6-34　修剪其他视频剪辑

↘ 6.3.3　编辑图片素材

下面在序列的最后添加宣传语图片和美食Logo图片，并为图片添加动画效果，具体操作方法如下。

步骤 01 在"项目"面板中新建"图片素材"素材箱，将"图片1"和"图片2"素材导入素材箱中，如图6-35所示。

步骤 02 将"图片2"和"图片1"素材依次添加到序列的最后并修剪素材，选中"图片2"剪辑，如图6-36所示。

步骤 03 在"效果控件"面板中启用"缩放"动画，添加两个关键帧，设置"缩放"分别为60.0、100.0，如图6-37所示。

步骤 04 选中两个缩放关键帧，用鼠标右键单击所选关键帧，在弹出的快捷菜单中选择"贝塞尔曲线"命令，如图6-38所示。

图6-35 导入图片素材

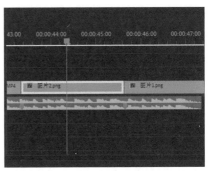

图6-36 添加并修剪图片素材

图6-37 编辑"缩放"动画

图6-38 选择"贝塞尔曲线"命令

步骤 05 在序列中定位时间线的位置，然后选中"图片1"剪辑，如图6-39所示。

步骤 06 在"效果控件"面板中启用"缩放"动画，在时间线位置添加关键帧，设置"缩放"为80.0，如图6-40所示。

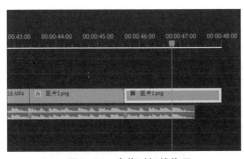

图6-39 定位时间线位置

图6-40 启用"缩放"动画

步骤 07 将时间线拖至最左侧，单击"重置参数"按钮，如图6-41所示。

步骤 08 选中两个缩放关键帧，用鼠标右键单击所选关键帧，在弹出的快捷菜单中选择"贝塞尔曲线"命令，如图6-42所示。

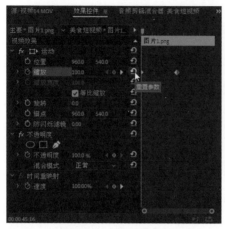
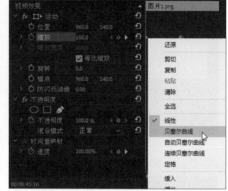

图6-41　单击"重置参数"按钮　　　　图6-42　选择"贝塞尔曲线"命令

步骤⑨ 在"节目"面板中预览图片缩放动画，可以看到缩小的图片显示出黑色背景，如图6-43所示。

步骤⑩ 在序列中选中"图片1"和"图片2"剪辑，按【Alt+↑】组合键将其上移一个轨道，如图6-44所示。

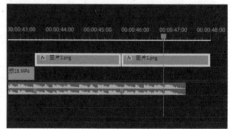

图6-43　预览图片缩放动画　　　　图6-44　移动剪辑到上方轨道

步骤⑪ 在"图片素材"素材箱右下方单击"新建项"按钮，选择"颜色遮罩"选项，如图6-45所示。

步骤⑫ 在弹出的"新建颜色遮罩"对话框中单击"确定"按钮，如图6-46所示。

图6-45　选择"颜色遮罩"选项　　　　图6-46　"新建颜色遮罩"对话框

步骤13 在弹出的对话框中单击吸管按钮，在"节目"面板的图片背景上单击进行取色，单击"确定"按钮，如图6-47所示。

步骤14 在弹出的对话框中输入名称，单击"确定"按钮，如图6-48所示。

图6-47　设置颜色　　　　　　　　　　图6-48　输入名称

步骤15 在"图片素材"素材箱中用鼠标右键单击"图片背景"素材，在弹出的快捷菜单中选择"速度/持续时间"命令，如图6-49所示。

步骤16 在弹出的对话框中设置"持续时间"为1秒，单击"确定"按钮，如图6-50所示。

图6-49　选择"速度/持续时间"命令　　　图6-50　设置持续时间

步骤17 将"图片背景"素材拖至V1轨道上，将其置于图片素材的下方，如图6-51所示。

步骤18 在"节目"面板中预览图片缩放动画，如图6-52所示。

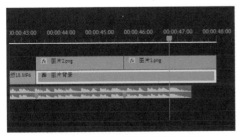

图6-51　添加"图片背景"剪辑　　　　图6-52　预览图片缩放动画

↘ 6.3.4 制作图片转场效果

下面利用颜色遮罩在两个图片素材之间制作淡出和淡入转场效果，具体操作方法如下。

步骤01 将"图片背景"素材添加到V3轨道上，将其置于两个图片剪辑的转场位置，在"时间轴"面板头部双击V3轨道展开该轨道，如图6-53所示。

步骤02 按住【Ctrl】键在不透明度轨道上单击鼠标左键，添加不透明度关键帧，如图6-54所示。

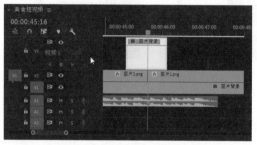 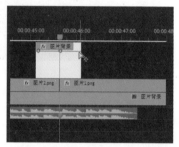

图6-53 添加"图片背景"素材　　　　图6-54 添加不透明度关键帧

步骤03 添加3个不透明度关键帧，并将两端的关键帧向下拖动，如图6-55所示。

步骤04 在"节目"面板中拖动播放头，预览两个图片剪辑之间的转场效果，如图6-56所示。

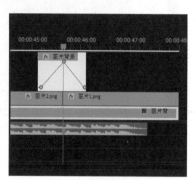 

图6-55 调整不透明度关键帧　　　　图6-56 预览图片转场效果

↘ 6.3.5 制作Logo图片回弹动画

下面使用"镜头扭曲"效果为"图片1"剪辑制作回弹动画效果，使美食Logo图片在最后一个音乐鼓点位置出现一个回弹的动画效果，具体操作方法如下。

步骤01 在"图片素材"素材箱右下方单击"新建项"按钮🗔，选择"调整图层"选项，如图6-57所示，创建调整图层。

步骤02 双击调整图层，在"源"面板中将时间线定位到第20帧的位置，单击"标记出点"按钮🔳，如图6-58所示。

图6-57 选择"调整图层"选项 　　　　图6-58 标记出点

步骤 03 将调整图层添加到V3轨道上，将其置于"图片1"素材的上方，选中调整图层，如图6-59所示。

步骤 04 在"效果"面板中搜索"镜头扭曲"，双击"镜头扭曲"效果，添加该效果，如图6-60所示。

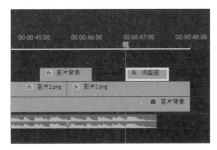

图6-59 选中调整图层 　　　　图6-60 添加"镜头扭曲"效果

步骤 05 在"效果控件"面板的"镜头扭曲"效果中启用"曲率"动画，如图6-61所示。"曲率"选项用于更改镜头的弯度，设置负值将使图像变为凹形，设置正值将使图像变为凸形。

步骤 06 在右侧第10帧和第20帧位置分别添加关键帧，然后设置第2个关键帧的"曲率"为50，如图6-62所示。

图6-61 启用"曲率"动画 　　　　图6-62 编辑"曲率"关键帧

步骤 07 选中3个关键帧，用鼠标右键单击所选的关键帧，在弹出的快捷菜单中选择"缓入"命令，如图6-63所示。再次用鼠标右键单击所选的关键帧，在弹出的快捷菜单中选择"缓出"命令。

步骤08 展开"曲率"选项组，如图6-64所示。

图6-63 设置关键帧缓入

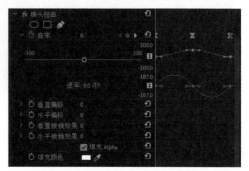

图6-64 展开"曲率"选项组

步骤09 调整"曲率"关键帧的贝塞尔曲线，如图6-65所示。

步骤10 在"节目"面板中预览"曲率"动画效果，如图6-66所示。

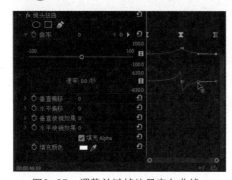

图6-65 调整关键帧的贝塞尔曲线

图6-66 预览"曲率"动画效果

步骤11 在"镜头扭曲"效果下单击"创建椭圆形蒙版"按钮◯，创建蒙版，如图6-67所示。

步骤12 在"节目"面板中拖动蒙版路径上的控制点调整蒙版路径，拖动蒙版内部调整蒙版的位置，使蒙版区域只包含Logo图片，如图6-68所示。

图6-67 创建蒙版

图6-68 调整蒙版路径和蒙版的位置

6.4　制作转场效果

下面在各剪辑之间添加转场效果，本案例使用"变换"效果制作了多种不同的转场效果，在此以其中的4种转场效果为例进行讲解。

↘ 6.4.1　设置视频嵌套

在制作转场效果前，需要为序列中各剪辑创建嵌套序列，并为各嵌套序列制作镜像效果。下面介绍如何设置"视频1"嵌套序列，具体操作方法如下。

步骤 **01** 在序列中选中"视频1"剪辑，用鼠标右键单击该剪辑，在弹出的快捷菜单中选择"嵌套"命令，创建嵌套序列，如图6-69所示。

步骤 **02** 在弹出的对话框中输入嵌套序列名称"视频1"，单击"确定"按钮，如图6-70所示。

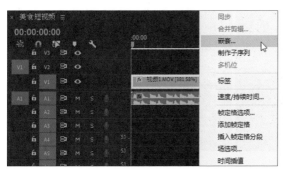

图6-69　选择"嵌套"命令

图6-70　输入嵌套序列名称

步骤 **03** 双击"视频1"序列，打开该序列，如图6-71所示。

步骤 **04** 选择"序列"|"序列设置"命令，如图6-72所示。

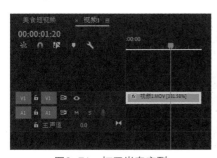

图6-71　打开嵌套序列

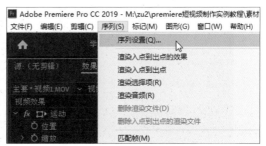

图6-72　选择"序列设置"命令

步骤 **05** 弹出"序列设置"对话框，在"编辑模式"下拉列表中选择"自定义"选项，设置"帧大小"水平为3840、垂直为2160，单击"确定"按钮，如图6-73所示。

步骤 **06** 在弹出的提示对话框中单击"确定"按钮，如图6-74所示。

图6-73　设置"帧大小"参数值　　　　图6-74　单击"确定"按钮

步骤07　在"节目"面板中预览此时的剪辑效果，如图6-75所示。

步骤08　在"效果"面板中搜索"镜像"，双击"镜像"效果，为剪辑添加镜像效果，如图6-76所示。

图6-75　预览剪辑效果　　　　图6-76　添加"镜像"效果

步骤09　在"效果控件"面板中设置"镜像"效果的"反射角度"为0.0，"反射中心"的x轴坐标为1918.0，如图6-77所示。

步骤10　在"节目"面板中预览第1个镜像效果，如图6-78所示。

图6-77　设置第1个镜像效果　　　　图6-78　预览第1个镜像效果

步骤11　在"效果"面板中双击"镜像"效果，为剪辑添加第2个镜像效果，单击第1个"镜像"效果左侧的fx按钮关闭该效果。设置第2个"镜像"效果的"反射角度"为180.0°，"反射中心"的x轴坐标为2.0，如图6-79所示。

步骤12　在"节目"面板中预览第2个镜像效果，如图6-80所示。

图6-79 设置第2个镜像效果　　　　　图6-80 预览第2个镜像效果

步骤 13 在"效果"面板中双击"镜像"效果，为剪辑添加第3个镜像效果，关闭前两个"镜像"效果。设置第3个"镜像"效果的"反射角度"为90.0°、"反射中心"的 y 轴坐标为1078.0，如图6-81所示。

步骤 14 在"节目"面板中预览第3个镜像效果，如图6-82所示。

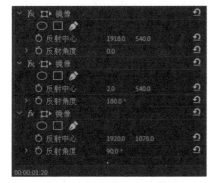

图6-81 设置第3个镜像效果　　　　　图6-82 预览第3个镜像效果

步骤 15 在"效果"面板中双击"镜像"效果，为剪辑添加第4个镜像效果，关闭前3个"镜像"效果。设置第4个"镜像"效果的"反射角度"为-90.0°、"反射中心"的 y 轴坐标为2.0，如图6-83所示。

步骤 16 在"节目"面板中预览第4个镜像效果，如图6-84所示。

图6-83 设置第4个镜像效果　　　　　图6-84 预览第4个镜像效果

步骤⑰ 在"效果控件"面板中启用全部"镜像"效果，如图6-85所示。

步骤⑱ 在"节目"面板中预览剪辑效果，如图6-86所示。

图6-85 启用全部"镜像"效果

图6-86 预览剪辑效果

步骤⑲ 在"效果控件"面板中按住【Ctrl】键从上到下依次选中4个"镜像"效果，用鼠标右键单击所选效果，在弹出的快捷菜单中选择"保存预设"命令，如图6-87所示。

步骤⑳ 弹出"保存预设"对话框，输入名称，单击"确定"按钮，如图6-88所示。

图6-87 选择"保存预设"命令

图6-88 输入预设名称

↘ 6.4.2 设置其他嵌套序列

为"视频1"剪辑创建嵌套序列后，下面为其他需要制作转场效果的剪辑设置嵌套序列，具体操作方法如下。

步骤① 在"美食短视频"序列中选中"视频2"剪辑，用鼠标右键单击该剪辑，在弹出的快捷菜单中选择"嵌套"命令，创建嵌套序列，如图6-89所示。

步骤② 在弹出的对话框中输入嵌套序列名称"视频2"，单击"确定"按钮，如图6-90所示。

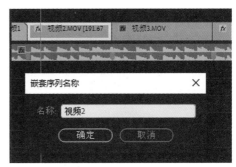

图6-89 选择"嵌套"命令　　　　　　　图6-90 输入嵌套序列名称

步骤 **03** 双击"视频2"序列将其打开，选择"序列"|"序列设置"命令，如图6-91所示。

步骤 **04** 弹出"序列设置"对话框，在"编辑模式"下拉列表中选择"自定义"选项，设置"帧大小"水平为3840、垂直为2160，单击"确定"按钮，如图6-92所示。

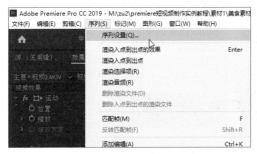

图6-91 选择"序列设置"命令　　　　　图6-92 设置"帧大小"参数值

步骤 **05** 在"视频2"序列中选中剪辑，如图6-93所示。

步骤 **06** 在"效果"面板中展开"预设"文件夹，可以看到前面保存的预设效果，如图6-94所示，将该效果拖至"视频2"剪辑上。

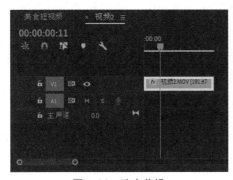

图6-93 选中剪辑　　　　　　　　　　图6-94 添加预设效果

步骤 **07** 在"节目"面板中预览剪辑效果，如图6-95所示。

步骤 **08** 采用同样的方法设置"视频3"嵌套序列，并添加预设效果，如图6-96所示。

图6-95　预览剪辑效果

图6-96　设置"视频3"嵌套序列

步骤09 返回"美食短视频"主序列，按住【Alt】键向上拖动"视频4"剪辑进行复制，如图6-97所示。

步骤10 选中V1轨道上的"视频4"剪辑，用鼠标右键单击该剪辑，在弹出的快捷菜单中选择"嵌套"命令，创建嵌套序列，如图6-98所示。

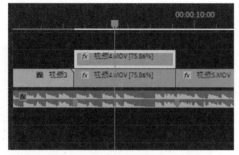

图6-97　复制剪辑

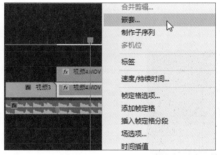

图6-98　选择"嵌套"命令

步骤11 在弹出的对话框中输入嵌套序列名称"视频4"，单击"确定"按钮，如图6-99所示。

步骤12 双击"视频4"序列将其打开，选中其中的剪辑，如图6-100所示。

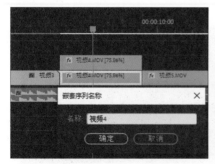

图6-99　输入嵌套序列名称

图6-100　选中剪辑

步骤13 在"效果控件"面板中分别单击"位置"和"缩放"选项右侧的"重置参数"按钮，恢复默认设置，如图6-101所示。

步骤14 选择"序列"|"序列设置"命令，如图6-102所示。

图6-101 重设"位置"和"缩放"参数值　　　图6-102 选择"序列设置"命令

步骤⑮ 弹出"序列设置"对话框,在"编辑模式"下拉列表中选择"自定义"选项,设置"帧大小"水平为3840、垂直为2160,单击"确定"按钮,如图6-103所示。

步骤⑯ 按照前面的方法为"视频4"剪辑添加预设效果,如图6-104所示。

图6-103 设置"帧大小"参数值　　　图6-104 添加预设效果

步骤⑰ 返回"美食短视频"主序列,选中V2轨道上的复制的"视频4"剪辑,如图6-105所示。

步骤⑱ 在"效果控件"面板中选中"运动"效果,按【Ctrl+C】组合键复制该效果,如图6-106所示。

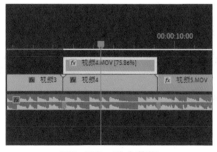

图6-105 选中剪辑　　　图6-106 复制"运动"效果

步骤⑲ 选中V1轨道上的"视频4"嵌套序列,如图6-107所示。

步骤⑳ 打开"效果控件"面板,按【Ctrl+V】组合键粘贴效果,如图6-108所示。粘贴完成后,删除V1轨道上的"视频4"剪辑。采用同样的方法,为其他设置了运动属性的剪辑创建嵌套序列。

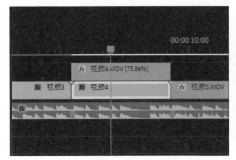

图6-107　选中嵌套序列　　　　　　　　图6-108　粘贴"运动"效果

步骤 21 采用同样的方法，为其他剪辑创建嵌套序列，如图6-109所示。

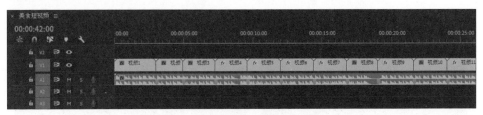

图6-109　创建其他嵌套序列

步骤 22 在"项目"面板中新建"资源文件"素材箱，并将前面创建的所有嵌套序列拖入该素材箱中，如图6-110所示。

步骤 23 打开"资源文件"素材箱，切换到图标视图模式，预览各嵌套序列的效果，如图6-111所示。

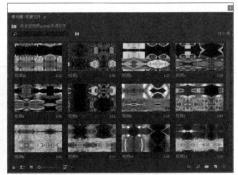

图6-110　新建"资源文件"素材箱　　　　图6-111　预览嵌套序列效果

↘ 6.4.3　设置"视频1"和"视频2"剪辑转场

下面使用"变换"效果制作"视频1"和"视频2"剪辑之间的转场效果，其中"视频1"剪辑结束位置的转场效果为快速左移，"视频2"剪辑开始位置的转场效果为快速放大，具体操作方法如下。

步骤 01 在序列中选中"视频1"剪辑，将时间线定位到剪辑出点左侧10帧的位置，如

图6-112所示。

步骤02 在"效果"面板中搜索"变换"，双击"变换"效果添加该效果，如图6-113所示。

图6-112　定位时间线

图6-113　添加"变换"效果

步骤03 在"效果控件"面板中启用"位置"动画，添加两个关键帧，设置第2个关键帧的x轴坐标为1820.0，在下方取消勾选"使用合成的快门角度"复选框，设置"快门角度"为360.00，如图6-114所示。

步骤04 展开"位置"选项组，调整关键帧的贝塞尔曲线，将第2个关键帧拖至最右侧，如图6-115所示。

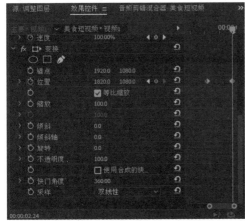

图6-114　编辑"位置"动画

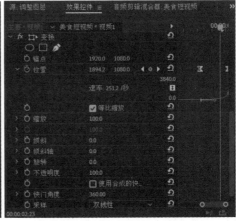

图6-115　调整关键帧的贝塞尔曲线

步骤05 为序列中的"视频2"剪辑添加"变换"效果，在"效果控件"面板中启用"缩放"动画，添加两个关键帧，设置"缩放"分别为80.0（见图6-116）和100.0。

步骤06 展开"缩放"选项组，调整关键帧的贝塞尔曲线，如图6-117所示。

步骤07 在下方取消勾选"使用合成的快门角度"复选框，设置"快门角度"为360.00，如图6-118所示。

步骤08 在"节目"面板中预览缩放动画效果，可以看到缩放的中心位于画面的右下方，并不是想要的效果，如图6-119所示。

图6-116　编辑"缩放"动画

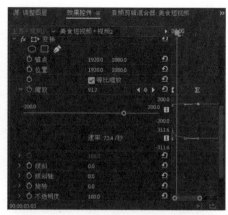
图6-117　调整关键帧的贝塞尔曲线

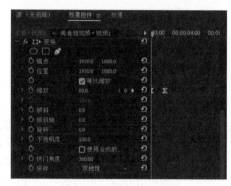
图6-118　设置快门角度

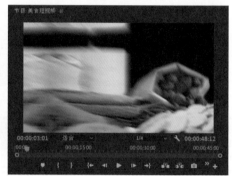
图6-119　预览缩放动画效果

步骤⑨　在"变换"效果中设置"锚点"选项的x轴坐标为960.0、y轴坐标为540.0，然后设置"位置"选项的x轴坐标为960.0、y轴坐标为540.0，更改变换中心位置到画面左上方，如图6-120所示。

步骤⑩　在"节目"面板中预览缩放动画效果，可以看到缩放的中心已位于画面的中心，如图6-121所示。

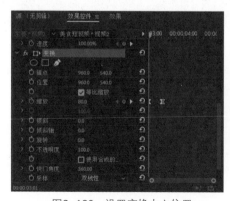
图6-120　设置变换中心位置

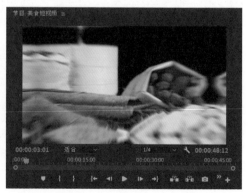
图6-121　预览缩放动画效果

步骤11 在"节目"面板中预览"视频1"和"视频2"剪辑转场时的画面效果，如图6-122所示。

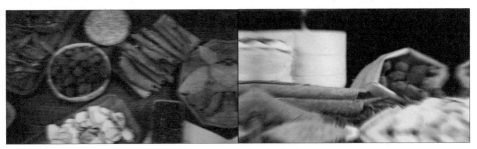

图6-122 预览转场效果

6.4.4 设置"视频2"和"视频3"剪辑转场

下面使用"变换"效果制作"视频2"和"视频3"剪辑之间快速下移的转场效果，具体操作方法如下。

步骤01 在"时间轴"面板中选中"视频2"剪辑，将时间线定位到剪辑出点左侧10帧的位置，如图6-123所示。

步骤02 在"效果"面板中搜索"变换"，双击"变换"效果，为剪辑添加第2个"变换"效果，如图6-124所示。

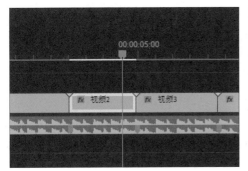

图6-123 定位时间线   图6-124 添加"变换"效果

步骤03 在"效果控件"面板第2个"变换"效果中启用"位置"动画，添加两个关键帧。设置第2个关键帧的y轴坐标为1360.0，在下方取消勾选"使用合成的快门角度"复选框，设置"快门角度"为360.00，如图6-125所示。

步骤04 展开"位置"选项，调整关键帧的贝塞尔曲线，将第2个关键帧拖至最右侧，如图6-126所示。

步骤05 为序列中的"视频3"剪辑添加"变换"效果，在"效果控件"面板中启用"位置"动画，添加两个关键帧。设置第1个关键帧的y轴坐标为980.0，在下方取消勾选"使用合成的快门角度"复选框，设置"快门角度"为360.00，如图6-127所示。

步骤06 展开"位置"选项，调整关键帧的贝塞尔曲线，如图6-128所示。

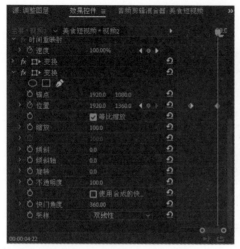

图6-125 编辑"位置"动画

图6-126 调整关键帧的贝塞尔曲线

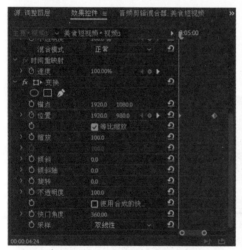

图6-127 编辑"位置"动画

图6-128 调整关键帧的贝塞尔曲线

步骤 07 在"节目"面板中预览"视频2"和"视频3"剪辑转场时的画面效果，如图6-129所示。

图6-129 预览转场效果

↘ 6.4.5 设置"视频11"和"视频12"剪辑转场

下面使用"变换"效果制作"视频11"和"视频12"剪辑之间的转场效果,其中"视频11"剪辑结束位置的转场效果为快速放大,"视频12"剪辑开始位置的转场效果为快速收缩,具体操作方法如下。

步骤 01 在"资源文件"素材箱中创建调整图层,双击调整图层,如图6-130所示。

步骤 02 在"源"面板中将时间线定位到第10帧的位置,单击"标记出点"按钮 ,标记剪辑的出点,如图6-131所示。

图6-130 创建调整图层   图6-131 标记剪辑的出点

步骤 03 拖动调整图层至V2轨道上,在此添加两个调整图层,并将其分别置于"视频11"和"视频12"剪辑的转场位置,选中左侧的调整图层,如图6-132所示。

步骤 04 在"效果"面板中搜索"变换",双击"变换"效果添加该效果,如图6-133所示。

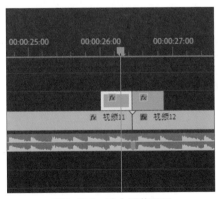

图6-132 选中调整图层   图6-133 添加"变换"效果

步骤 05 在"效果控件"面板中启用"缩放"动画,添加两个关键帧,设置"缩放"分别为100.0和200.0(见图6-134)。

步骤 06 展开"缩放"选项组,调整关键帧的贝塞尔曲线,将第2个关键帧拖至最右侧,如图6-135所示。

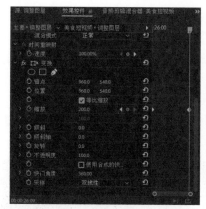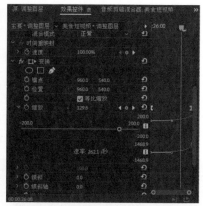

图6-134 编辑"缩放"动画　　　　图6-135 调整关键帧的贝塞尔曲线

步骤07 在序列中为"视频12"剪辑上方的调整图层添加"变换"效果，在"效果控件"面板中启用"缩放"动画，添加两个关键帧，设置"缩放"分别为200.0（见图6-136）和100.0。

步骤08 展开"缩放"选项组，调整关键帧的贝塞尔曲线，如图6-137所示。

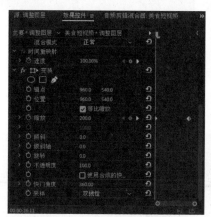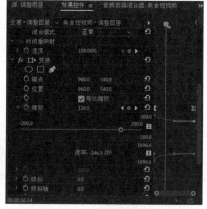

图6-136 编辑"缩放"动画　　　　图6-137 调整关键帧的贝塞尔曲线

步骤09 在"节目"面板中预览"视频11"和"视频12"剪辑转场时的画面效果，如图6-138所示。

图6-138 预览转场效果

↘ 6.4.6 设置"视频13"剪辑转场

下面使用"变换"效果制作"视频13"剪辑开始位置的快速上旋转场效果,具体操作方法如下。

步骤 01 在"时间轴"面板中选中"视频13"剪辑,将时间线定位到剪辑入点右侧10帧的位置,如图6-139所示。

步骤 02 在"效果"面板中搜索"变换",双击"变换"效果添加该效果,如图6-140所示。

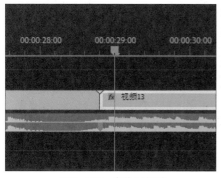

图6-139 定位时间线　　　　　　　　图6-140 添加"变换"效果

步骤 03 在"效果控件"面板中启用"旋转"动画,添加两个关键帧。设置"旋转"分别为-20°、0.0°,展开"旋转"选项组,调整关键帧的贝塞尔曲线,在下方取消勾选"使用合成的快门角度"复选框,设置"快门角度"为360.00,如图6-141所示。

步骤 04 在"节目"面板中预览"视频13"剪辑转场时的画面效果,如图6-142所示。

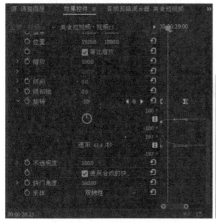

图6-141 编辑"旋转"动画　　　　　图6-142 预览转场效果

6.5 添加音效

下面为美食短视频中各剪辑的转场部分添加转场音效,使短视频更具节奏感,然后为视频剪辑添加与画面对应的音效，使画面更加真实，具体操作方法如下。

步骤01 在"项目"面板中新建"音频素材"素材箱，导入所有的音效素材，双击"音效素材"素材，如图6-143所示。

步骤02 在"源"面板中预览音效素材（该素材包含了多种音效及其对应的视频画面），定位时间线到目标音效的画面位置，如图6-144所示。

图6-143 导入音效素材

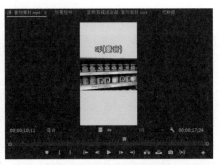
图6-144 定位时间线

步骤03 单击"仅拖动音频"按钮，切换到素材的音频轨道，标记要使用的音效的入点和出点，单击鼠标右键，在弹出的快捷菜单中选择"制作子剪辑"命令，如图6-145所示。

步骤04 在弹出的对话框中输入名称，单击"确定"按钮，如图6-146所示。

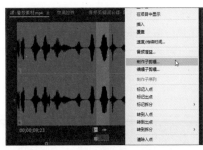
图6-145 选择"制作子剪辑"命令

图6-146 输入子剪辑名称

步骤05 采用同样的方法，继续制作其他音效子剪辑，如图6-147所示。

步骤06 在"音频素材"素材箱中可以看到制作的音效子剪辑，如图6-148所示。

图6-147 制作其他音效子剪辑

图6-148 查看音效子剪辑

步骤 07 在"美食短视频"序列中关闭V1轨道左侧的"对插入和覆盖进行源修补"功能，如图6-149所示。

步骤 08 将"呼 重音"音效素材拖至A2轨道上，并将其置于"视频1"和"视频2"剪辑的转场位置，如图6-150所示。采用同样的方法，继续添加转场音效。

 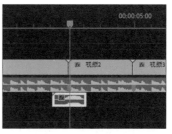

图6-149 关闭"对插入和覆盖进行源修补"功能　　　图6-150 添加音效素材

步骤 09 在"源"面板中打开"舀水"音效素材，标记音效素材的入点，如图6-151所示。

步骤 10 将"舀水"音效素材添加到"视频6"剪辑的下方，如图6-152所示。

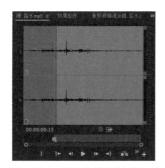 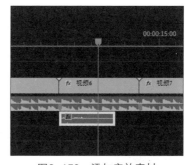

图6-151 标记音效素材的入点　　　图6-152 添加音效素材

步骤 11 在"节目"面板中播放剪辑，试听音效，如图6-153所示。

步骤 12 在"源"面板中打开"汤沸腾声"音效素材，标记音效素材的入点，如图6-154所示。

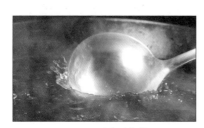 

图6-153 试听音效　　　图6-154 标记音效素材的入点

步骤⑬ 将"汤沸腾声"音效素材添加到"视频7"和"视频8"剪辑的下方，如图6-155所示。

步骤⑭ 在"节目"面板中播放视频，试听音效，如图6-156所示。采用同样的方法，为其他视频剪辑添加所需的音效。

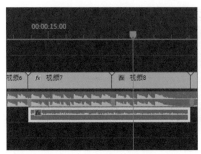

图6-155　添加音效素材

图6-156　试听音效

6.6　添加字幕

下面在美食短视频最后两个剪辑中添加宣传语字幕，并为字幕制作动画效果，具体操作方法如下。

步骤① 将时间线定位到"视频16"剪辑中，在"节目"面板的右下方单击"设置"按钮，在弹出的下拉列表中选择"安全边距"选项，如图6-157所示。

步骤② 此时在画面中显示安全边距边框，在此利用该边框定位文本的位置，如图6-158所示。

图6-157　选择"安全边距"选项

图6-158　显示安全边距边框

步骤③ 使用文字工具在"节目"面板中输入文本"当日鲜卤"，如图6-159所示。

步骤④ 在"效果控件"面板中设置文本的字体、大小、外观等，如图6-160所示。

步骤⑤ 采用同样的方法，在V3轨道上添加文本"热拌现吃"，如图6-161所示。

步骤⑥ 在"节目"面板中调整文本的位置，如图6-162所示。

图6-159　输入文本

图6-160　设置文本格式

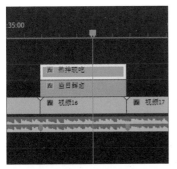

图6-161　添加文本

图6-162　调整文本的位置

步骤 **07** 在序列中选中"当日鲜卤"文本，在"效果控件"面板的"文本"效果中单击"创建4点多边形蒙版"按钮▣，创建矩形蒙版，如图6-163所示。

步骤 **08** 在"节目"面板中调整蒙版的大小和位置，如图6-164所示。

图6-163　添加文本蒙版

图6-164　调整蒙版的大小和位置

步骤 **09** 在"效果控件"面板中启用"变换"效果中的"位置"动画，添加两个关键帧，如图6-165所示。

步骤 **10** 将时间线移到第1个关键帧位置，并编辑第1个关键帧的x轴坐标参数值，使文本位于蒙版右侧以外，如图6-166所示。

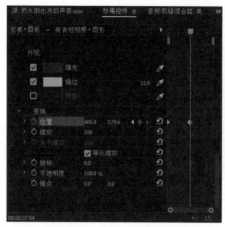

图6-165 启用"位置"动画

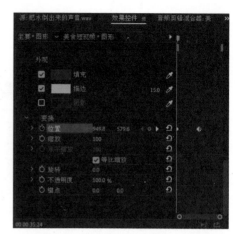

图6-166 编辑第1个"位置"关键帧

步骤⑪ 在"节目"面板中预览文本"当日鲜卤"的动画效果，可以看到文本从蒙版右侧进入，如图6-167所示。

步骤⑫ 在"变换"效果中展开"位置"选项组，调整关键帧的贝塞尔曲线，如图6-168所示。

图6-167 预览文本动画效果

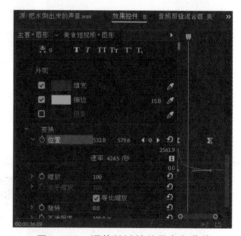

图6-168 调整关键帧的贝塞尔曲线

步骤⑬ 采用同样的方法，为文本"热拌现吃"添加蒙版并编辑位置动画，使文本从蒙版左侧进入。设置完成后，在"节目"面板中预览文本动画，如图6-169所示。

步骤⑭ 在序列中选中两个文本素材，按6次【Alt+→】组合键将其向右移动6帧，然后修剪文本的出点，如图6-170所示。

步骤⑮ 在序列中选中文本，在"效果控件"面板中文本的结束位置编辑"不透明度"动画，制作文本淡出动画，如图6-171所示。

步骤⑯ 在"视频17"剪辑上方添加两个文本素材，如图6-172所示。

图6-169　预览文本动画

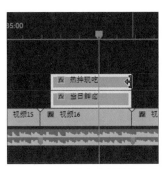

图6-170　移动文本并修剪出点

图6-171　编辑"不透明度"动画

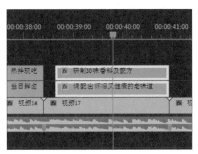

图6-172　添加文本素材

步骤 17 在"节目"面板中预览文本效果，如图6-173所示。

步骤 18 选中V3轨道上的文本素材，在"效果控件"面板中编辑"变换"效果中的"位置"动画，并调整关键帧的贝塞尔曲线，使文本从画面左侧进入，如图6-174所示。采用同样的方法，为V2轨道上的文本设置动画。

图6-173　预览文本效果

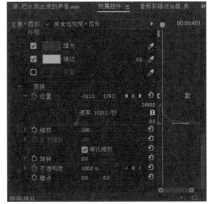

图6-174　编辑"位置"动画

步骤 19 在序列中选中V2轨道上的文本素材，连续按【Alt+→】组合键将其向右移动一定位置，并修剪文本的出点，如图6-175所示。

步骤 20 在"节目"面板中预览文本动画，如图6-176所示。

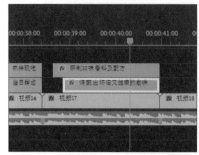

图6-175　移动文本素材位置并修剪出点

图6-176　预览文本动画

课后练习

打开"素材文件\第6章\课后练习"文件夹，使用提供的视频素材制作美食短视频。
关键操作：根据音乐修剪剪辑，调整剪辑画面构图，制作转场效果。

第 7 章
制作产品广告短视频

产品广告短视频是互联网营销中比较常见的一种短视频类型，通过短视频的方式来展示产品的特性与功能。本章将以剪辑"煮茶器"产品广告短视频为例，介绍制作此类短视频的方法，包括产品广告短视频的剪辑思路、剪辑方法、编辑音频、视频调色与人物磨皮、添加字幕、制作片尾等。

学习目标

➤ 了解产品广告短视频的剪辑思路。
➤ 掌握剪辑产品广告短视频的方法。
➤ 掌握编辑音频的方法。
➤ 掌握视频调色与人物磨皮的方法。
➤ 掌握为产品广告短视频添加字幕的方法。
➤ 掌握制作产品广告短视频片尾的方法。

7.1 产品广告短视频的剪辑思路

产品广告短视频是指以时间较短的视频承载的产品广告，主要是将广告创意用视觉的形式进行表现。产品广告短视频的创作者先要与广告客户进行对接，了解推广的目的和诉求、目标受众群体、核心内容，以及广告播出平台等，以确定短视频的风格和类型。

产品广告短视频的拍摄对象以各种产品为主，不同的产品具有不同的气质与特性。例如，适合男性使用的产品要突出其硬朗感，美妆类产品要突出其时尚感，数码类产品要展现其科技感等。

产品广告短视频一般要求以"秒"来计算时长，所以从片头开始就要吸引观众。因此，创作者可以利用表情、动作、对白、音乐、字幕、剧情，甚至是服装和场景等元素设计多种形式进行表现。在前期策划阶段，导演需要与创作团队进行有效沟通，快速制订脚本，然后基于脚本选择合适的演员、场景进行短视频拍摄。

在后期制作阶段，产品广告短视频的剪辑思路如下。

1. 挑选素材与匹配脚本

对拍摄的有效素材进行挑选和分类，将脚本内容与素材进行匹配剪辑，粗剪加工。

2. 选择背景音乐和音效

为了让产品广告短视频的观感更好，后期制作人员应选择合适的背景音乐和一些有趣的音效来展示剧情与突出主题。

3. 添加转场特效

产品广告短视频的节奏一般比较快，画面切换也比较快，为了避免画面显得突兀，后期制作人员可以在衔接画面时使用一些转场特效。需要注意的是，由于产品广告短视频要体现的是内容而不是特效，所以转场特效不宜使用过多。

4. 添加字幕

在产品广告短视频的后期制作中，添加字幕可以让信息展示得更加完整，同时还能增强趣味性。

在本案例中，剪辑者拿到拍摄的视频素材后，要先根据短视频的拍摄脚本确认素材内容，包括每个镜头的构图、拍摄手法、拍摄内容等，厘清剪辑思路，然后按照剪辑顺序对素材进行编号。

本案例的剪辑思路如图7-1所示。

1.展示壶身　　　　2.展示底部旋钮　　　3.人物打开计算机工作　　4.打开壶盖

图7-1　产品广告短视频的剪辑思路

5.倒入茶叶　　　6.放入冰糖　　　7.取出滤网　　　8.向壶内注水

9.盖好壶盖　　　10.转动旋钮启动　　　11.展示蒸茶过程　　　12.展示喷淋式煮茶

13.展示蒸茶过程　　　14.向茶杯倒茶水　　　15.茶汤特写　　　16.人物喝茶

17.向水杯倒茶水　　　18.在杯口插上柠檬片　　　19.在杯中放入吸管　　　20.展示茶壶和茶杯全貌

图7-1　产品广告短视频的剪辑思路（续）

7.2　剪辑产品广告短视频

　　本案例用到的视频素材多为固定镜头，在剪辑时先按顺序将视频素材添加到"时间轴"面板中，然后对视频素材进行修剪和调整。下面对拍摄的产品广告短视频素材进行剪辑，包括新建项目并导入素材、粗剪视频、调整剪辑的剪切点、视频调速，以及修补视频背景等。

↘ 7.2.1　新建项目并导入素材

　　下面在Premiere中创建"产品广告短视频"项目文件，将用到的视频素材导入项目中，然后对视频素材进行整理，具体操作方法如下。

步骤 **01** 启动Premiere，按【Ctrl+Alt+N】组合键打开"新建项目"对话框，设置项目名称和保存位置，单击"确定"按钮，如图7-2所示。

步骤 **02** 按【Ctrl+I】组合键打开"导入"对话框，选择要导入的素材，单击"打开"按钮，如图7-3所示。

步骤 **03** 单击下方的"图标视图"按钮■，预览视频素材，根据需要对视频素材进行排序，如图7-4所示。

图7-2　"新建项目"对话框

图7-3　导入素材文件

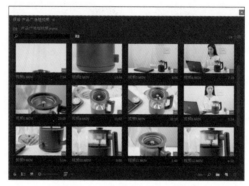

图7-4　对视频素材进行排序

↘ 7.2.2　粗剪视频

下面先为制作的产品广告短视频创建序列，然后将视频素材添加到序列中，并在"时间轴"面板中对视频素材进行粗剪，具体操作方法如下。

步骤01 按【Ctrl+N】组合键打开"新建序列"对话框，在"序列预设"选项卡中选择所需的预设选项，输入序列名称，单击"确定"按钮，如图7-5所示。

图7-5　"新建序列"对话框

步骤 02 在"时间轴"面板中单击A1音频轨道左侧的"对插入和覆盖进行源修补"按钮 ，关闭该轨道的插入和覆盖操作，如图7-6所示。

步骤 03 在"项目"面板中将"视频1"剪辑拖至"时间轴"面板中，在弹出的对话框中单击"保持现有设置"按钮，如图7-7所示。

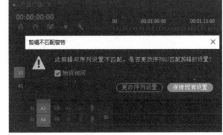

图7-6 单击"对插入和覆盖进行源修补"按钮 图7-7 单击"保持现有设置"按钮

步骤 04 使用选择工具 修剪剪辑的入点和出点，将出点位置修剪在镜头运动刚好停止的位置，如图7-8所示。

步骤 05 在"节目"面板中预览剪辑效果，如图7-9所示。

图7-8 修剪剪辑的入点和出点 图7-9 预览剪辑效果

步骤 06 在"时间轴"面板中添加"视频2"剪辑，将时间线定位到要裁剪的位置，按【C】键调用剃刀工具 ，在时间线位置单击裁剪剪辑，如图7-10所示。选中裁剪后左侧的片段，按住【Shift+Delete】组合键进行波纹删除。

步骤 07 使用选择工具 修剪"视频2"剪辑的出点到水壶旋转到正面的位置，如图7-11所示。

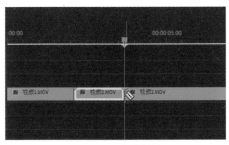

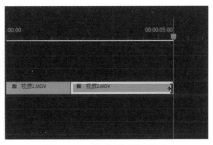

图7-10 裁剪剪辑 图7-11 修剪剪辑的出点

步骤 08 在"节目"面板中预览剪辑效果，如图7-12所示。采用同样的方法，依次在"时间轴"面板中添加其他视频素材并进行修剪。

步骤 09 在修剪"视频7"剪辑时，将剪辑裁剪为两个部分，并分别对各部分进行修剪，如图7-13所示。

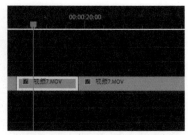

图7-12　预览剪辑效果　　　　　　图7-13　修剪"视频7"剪辑

步骤 10 在"节目"面板中预览"视频7"剪辑，前面部分为取出壶内过滤器的画面，后面部分为向壶内倒水的画面，如图7-14所示。

图7-14　预览剪辑效果

↘ 7.2.3　调整剪辑的剪切点

　　产品广告短视频粗剪完成后，下面对各剪辑的剪切点进行调整，包括使用外滑工具更改剪辑的开始帧和结束帧，在"源"面板中调整剪切点，在"节目"面板中调整剪切点等，具体操作方法如下。

步骤 01 将时间线定位到"视频5"剪辑的入点位置，如图7-15所示。

步骤 02 在"节目"面板中预览剪辑画面，这些画面不是想要的，如图7-16所示。

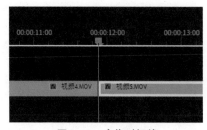
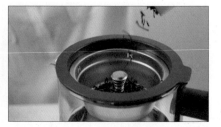

图7-15　定位时间线　　　　　　图7-16　预览剪辑画面

步骤 03 按【Y】键调用外滑工具，向右拖动"视频5"剪辑的入点，如图7-17所示。使用外滑工具调整剪辑不会改变其持续时间或影响相邻的剪辑。

步骤 04 在"节目"面板中预览剪辑画面，使用外滑工具调整入点的位置到刚刚放入茶叶的位置，如图7-18所示。

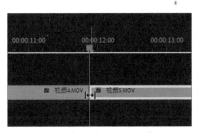

图7-17 使用外滑工具调整入点

图7-18 使用外滑工具调整剪辑

步骤 05 将"视频6"剪辑移至V2轨道上，双击该剪辑，如图7-19所示。

步骤 06 此时即可在"源"面板中打开剪辑，将播放头定位到要重新标记出点的位置，单击"标记出点"按钮█修剪剪辑，如图7-20所示。

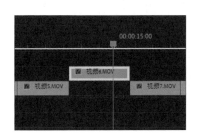

图7-19 双击"视频6"剪辑

图7-20 修剪剪辑

步骤 07 在"时间轴"面板中可以看到"视频6"剪辑已被修剪，如图7-21所示。修剪完成后，将剪辑移至V1轨道上即可。

步骤 08 使用波纹编辑工具█选中"视频13"剪辑的出点并双击，如图7-22所示。

图7-21 查看修剪效果

图7-22 双击"视频13"剪辑的出点

步骤 09 此时在"节目"面板中会显示剪切点处的两屏画面，单击画面下方的修剪按钮，向后或向前修剪剪辑，如图7-23所示。

图7-23　修剪剪辑

↘ 7.2.4　视频调速

下面对视频剪辑进行变速调整，使产品的运动镜头变得有节奏，具体操作方法如下。

步骤01 将"背景音乐"音频素材拖至A1轨道上，将"视频1"剪辑拖至V2轨道上。展开V2轨道，用鼠标右键单击视频剪辑左上方的 Fx 图标，在弹出的快捷菜单中选择"时间重映射"|"速度"命令，将轨道上的关键帧更改为速度关键帧，如图7-24所示。

步骤02 按住【Ctrl】键在速度轨道上单击，添加速度关键帧，如图7-25所示。

图7-24　选择"速度"命令

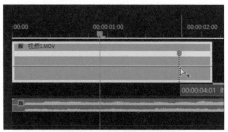

图7-25　添加速度关键帧

步骤03 向上拖动关键帧左侧的速度控制线到200%，向下拖动关键帧右侧的速度控制线到50%，如图7-26所示。

步骤04 拖动速度关键帧，将其拆分为左、右两个部分，使左、右两个标记之间形成斜坡，表明它们之间速度的逐渐变化，拖动坡度上的手柄使坡度变得平滑，如图7-27所示。速度编辑完成后，修剪"视频1"剪辑的出点，将其拖至V1轨道上。

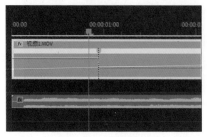

图7-26　调整速度

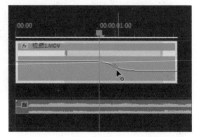

图7-27　拆分速度关键帧

步骤 05 将"视频2"剪辑拖至V2轨道上，采用同样的方法对"视频2"剪辑进行速度调整，如图7-28所示。

步骤 06 将"视频5"剪辑拖至V2轨道上，使用比率拉伸工具![icon]向右拖动剪辑的出点降低剪辑速度，如图7-29所示。

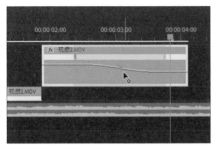 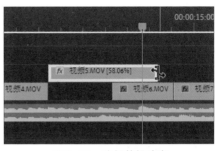

图7-28　对"视频2"剪辑进行调速　　　　　　图7-29　降低剪辑速度

步骤 07 播放"视频5"剪辑，在"节目"面板中可以看到倒茶叶的动作已经变为慢动作，如图7-30所示。

步骤 08 锁定A1轨道，按住【Ctrl】键拖动"视频5"剪辑到V1轨道上插入剪辑，如图7-31所示。

 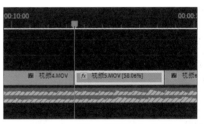

图7-30　预览视频效果　　　　　　图7-31　插入"视频5"剪辑

步骤 09 将时间线定位到音频节奏位置，使用比率拉伸工具![icon]向左拖动"视频13"剪辑的出点到时间线位置，加快剪辑速度，如图7-32所示。

步骤 10 根据音乐节奏调整其他剪辑，使最后一个剪辑的入点位于音频最后一个鼓点的位置，如图7-33所示。

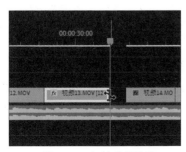 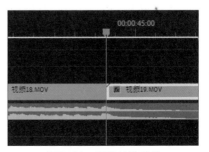

图7-32　加快剪辑速度　　　　　　图7-33　调整其他剪辑

↘ 7.2.5 修补视频背景

下面对"视频5"剪辑褶皱的背景布进行修补，使产品的背景变得平整，具体操作方法如下。

步骤01 在"时间轴"面板中选中"视频5"剪辑，如图7-34所示。

步骤02 在"节目"面板中查看剪辑画面，可以看到视频背景左侧部分的褶皱较多，如图7-35所示。

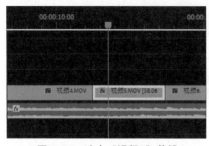

图7-34 选中"视频5"剪辑

图7-35 查看剪辑画面

步骤03 在"效果"面板中搜索"模糊"，双击"高斯模糊"效果添加该效果，如图7-36所示。

步骤04 单击钢笔工具 ，创建蒙版，如图7-37所示。

图7-36 添加"高斯模糊"效果

图7-37 创建蒙版

步骤05 在"节目"面板中绘制蒙版路径，如图7-38所示。

步骤06 设置"蒙版羽化"为50.0，"模糊度"为1000.0，如图7-39所示。

图7-38 绘制蒙版路径

图7-39 设置"高斯模糊"效果

步骤 07 在"节目"面板中预览修补背景后的剪辑效果，如图7-40所示。

图7-40 预览剪辑效果

7.3 编辑音频

下面对产品广告短视频的背景音乐进行调整，并为"喷淋式煮茶"镜头添加同期声音效，具体操作方法如下。

步骤 01 播放视频，在"音频仪表"面板中可以看到当前音量的峰值在0 dB，音量偏大，如图7-41所示。

步骤 02 在"时间轴"面板中用鼠标右键单击背景音乐素材，在弹出的快捷菜单中选择"音频增益"命令，如图7-42所示。

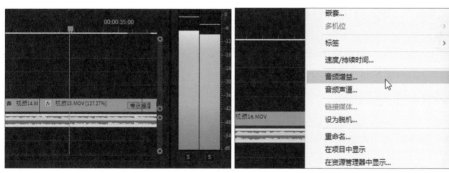

图7-41 查看音量大小　　　　　图7-42 选择"音频增益"命令

步骤 03 在弹出的对话框中选中"调整增益值"单选按钮，设置该值为-6dB，单击"确定"按钮，如图7-43所示。

步骤 04 在"时间轴"面板中将时间线定位到"视频11"剪辑中，选中"视频11"剪辑，如图7-44所示。

步骤 05 按【F】键在"源"面板中匹配剪辑的入点和出点范围，如图7-45所示，拖动"仅拖动音频"按钮 ↔ 到A2轨道上。

步骤 06 将音频置于"视频11"剪辑的下方，展开A2轨道，向下拖动音频中的音量线减小音量，如图7-46所示。

图7-43　调整增益值

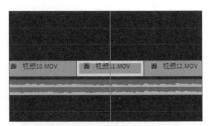

图7-44　选中"视频11"剪辑

图7-45　匹配剪辑的入点和出点范围

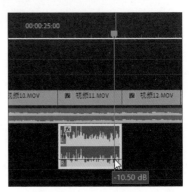

图7-46　减小音量

7.4　视频调色与人物磨皮

　　产品广告短视频剪辑完成后，下面进行颜色校正，并添加风格化的色彩效果，然后对人物皮肤进行磨皮。

↘ 7.4.1　视频调色

　　下面对序列中各剪辑的颜色进行校正，使其具有正常的色彩和曝光，然后对剪辑进行风格化调色设置，具体操作方法如下。

步骤01 在序列中将时间线定位在"视频3"剪辑中，选中"视频3"剪辑，如图7-47所示。

步骤02 在"节目"面板中预览剪辑效果，如图7-48所示。

图7-47　选中"视频3"剪辑

图7-48　预览剪辑效果

步骤 03 切换到"颜色"工作区，在"Lumetri颜色"面板的"基本校正"选项组中调整"对比度""高光""阴影""白色"等参数值，如图7-49所示。

图7-49　调整"基本校正"效果

步骤 04 在序列中选中"视频3"剪辑，按【Ctrl+C】组合键复制该剪辑。选择"视频4"剪辑，用鼠标右键单击该剪辑，在弹出的快捷菜单中选择"粘贴属性"命令，如图7-50所示。

步骤 05 弹出"粘贴属性"对话框，选中"Lumetri颜色"效果，单击"确定"按钮，如图7-51所示。

图7-50　选择"粘贴属性"命令　　图7-51　粘贴"Lumetri颜色"效果

步骤 06 在"节目"面板中预览"视频4"剪辑调色前后的对比效果，如图7-52所示。采用同样的方法，对其他需要调色的剪辑进行调色。

图7-52　预览视频调色效果

步骤07 在"项目"面板中创建调整图层，将其添加到V2轨道上。修剪调整图层，使其覆盖整个序列，如图7-53所示。

步骤08 选中调整图层，在"Lumetri颜色"面板中展开"创意"选项组，在"Look"下拉列表中选择要使用的LUT，应用颜色预设，拖动"强度"滑块调整LUT强度，如图7-54所示。

图7-53　创建调整图层

图7-54　应用颜色预设

步骤09 在"Lumetri颜色"面板中展开"RGB曲线"选项组，调整主曲线，如图7-55所示。

步骤10 在"Lumetri颜色"面板中展开"色轮和匹配"选项组，使用色轮和滑块进行调色，如图7-56所示。

图7-55　调整RGB曲线

图7-56　调整色轮

步骤11 在"节目"面板中预览调色前后的对比效果，如图7-57所示。

图7-57　预览调色前后的对比效果

↘ 7.4.2　添加磨皮效果

　　下面使用Beauty Box插件对人物进行美颜调整，去除人物皮肤上的油光、雀斑等，具体操作方法如下。

步骤 01 安装Beauty Box插件，重新启动Premiere。打开"产品广告短视频"项目文件，在序列中选中V2轨道上的调整图层，打开"效果"面板，在"视频效果"文件夹中找到"Beauty Box"效果，双击添加该效果，如图7-58所示。

步骤 02 在"效果控件"面板中设置"Beauty Box"效果，在此将"平滑数量"设置为8.00，如图7-59所示。

图7-58　添加"Beauty Box"效果

图7-59　设置"Beauty Box"效果

步骤 03 在"节目"面板中预览应用"Beauty Box"效果前后的画面对比效果，如图7-60所示。

图7-60　预览人物磨皮前后的对比效果

7.5　添加字幕

　　下面在产品广告短视频中添加必要的字幕，对产品的功能和特点进行简单介绍，具体操作方法如下。

步骤 01 使用文字工具▣在"节目"面板中输入文本，如图7-61所示。

步骤 02 打开"基本图形"面板，选择"编辑"选项卡，选中文本，单击"水平居中对齐"按钮▣，如图7-62所示。

图7-61　输入文本　　　　　　　　图7-62　单击"水平居中对齐"按钮

步骤 **03** 在"文本"选项组中设置字体格式、字体大小、对齐方式、外观等，如图7-63所示。

步骤 **04** 在"节目"面板中预览文本效果，如图7-64所示。

图7-63　设置文本格式　　　　　　　图7-64　预览文本效果

步骤 **05** 在"基本图形"面板中单击"新建图层"按钮，在弹出的下拉列表中选择"矩形"选项，如图7-65所示。

步骤 **06** 此时即可在文本剪辑中添加矩形形状，将形状图层拖至文本图层下方，如图7-66所示。

图7-65　选择"矩形"选项　　　　　图7-66　调整图层顺序

步骤 **07** 在"节目"面板中调整矩形的位置和大小，如图7-67所示。

步骤 **08** 在"基本图形"面板中选中文本和形状图层，分别单击"垂直对齐"按钮和"水平对齐"按钮，如图7-68所示。

图7-67　调整矩形的位置和大小　　　图7-68　设置对齐方式

步骤 09 选中形状图层，调整不透明度，设置填充和描边格式，如图7-69所示。

步骤 10 在"节目"面板中预览文本效果，如图7-70所示。

图7-69　设置形状外观　　　　　图7-70　预览文本效果

步骤 11 选中形状图层，在"固定到"下拉列表中选择文字对象，在右侧方位锁的中间位置单击，设置固定4个边，如图7-71所示。

步骤 12 在"时间轴"面板中修剪文本，如图7-72所示。

图7-71　设置固定形状　　　　　图7-72　修剪文本

步骤 13 在"效果控件"面板中展开"文本"效果，在"变换"效果中启用"位置"动画，在开始位置添加两个关键帧，制作文本自下到上的进入效果，如图7-73所示。

步骤 14 在文本结尾位置添加两个关键帧，制作文本自上到下的退出效果，如图7-74所示。

步骤 15 展开"位置"选项组，调整"位置"动画关键帧的贝塞尔曲线，如图7-75所示。

步骤 16 启用"不透明度"动画，编辑不透明度关键帧动画，如图7-76所示。

图7-73　编辑"位置"动画开始位置

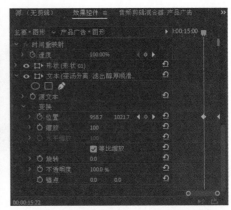

图7-74　编辑"位置"动画结束位置

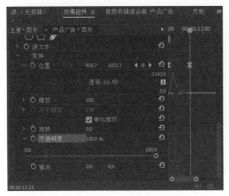

图7-75　调整关键帧的贝塞尔曲线

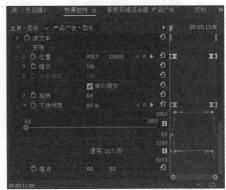

图7-76　编辑"不透明度"动画

步骤⑰ 展开"形状"选项，采用同样的方法，在"变换"效果下启用"不透明度"动画并编辑动画，如图7-77所示。

步骤⑱ 在"效果控件"面板的时间线上拖动最左侧的控制柄，调整文本剪辑开场持续时间到关键帧动画结束的位置，如图7-78所示。

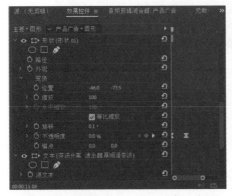

图7-77　编辑形状的"不透明度"动画

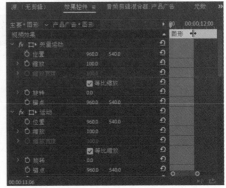

图7-78　设置开场持续时间

步骤 ⑲ 采用同样的方法，调整文本剪辑结尾的持续时间，如图7-79所示。

步骤 ⑳ 选择"图形"|"导出为动态图形模板"命令，如图7-80所示。

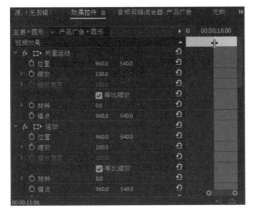

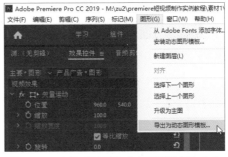

图7-79 设置结尾持续时间　　　　图7-80 选择"导出为动态图形模板"命令

步骤 ㉑ 在弹出的对话框中输入名称，单击"确定"按钮，如图7-81所示。

步骤 ㉒ 在"基本图形"面板中选择"浏览"选项卡，在"本地"下拉列表中选择"本地模板文件夹"选项，即可看到保存的图形模板，如图7-82所示。

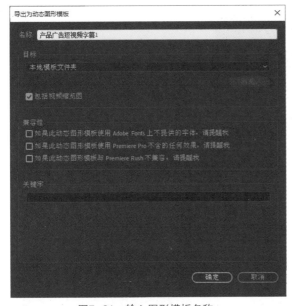

图7-81 输入图形模板名称　　　　图7-82 查看保存的图形模板

步骤 ㉓ 将图形模板拖至"时间轴"面板中要添加文本的位置，修剪文本，如图7-83所示。

步骤 ㉔ 在"节目"面板中修改文本，如图7-84所示。采用同样的方法，继续添加其他字幕。

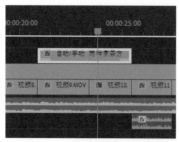

图7-83　添加并修剪图形模板

图7-84　修改文本

7.6　制作片尾

下面为产品广告短视频制作片尾，以动态地展示产品图片和宣传语，具体操作方法如下。

步骤 01 在"项目"面板右下方单击"新建项"按钮，在弹出的下拉列表中选择"颜色遮罩"选项，如图7-85所示。

步骤 02 在弹出的"新建颜色遮罩"对话框中保持默认设置，单击"确定"按钮，如图7-86所示。

图7-85　选择"颜色遮罩"选项

图7-86　"新建颜色遮罩"对话框

步骤 03 在弹出的对话框中设置颜色为白色，依次单击"确定"按钮，如图7-87所示。

步骤 04 将颜色遮罩素材添加到剪辑的结尾，如图7-88所示。

图7-87　设置颜色

图7-88　添加颜色遮罩素材

步骤 05 在"项目"面板中导入"图片"素材,将其添加到V2轨道上,并置于颜色遮罩素材的上方,如图7-89所示。

步骤 06 在"节目"面板中预览图片效果,如图7-90所示。

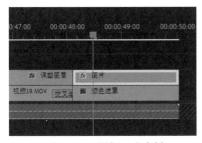

图7-89 添加图片素材

图7-90 预览图片效果

步骤 07 在序列中双击颜色遮罩素材,弹出"拾色器"对话框,单击吸管工具 ,在图片背景上单击进行取色,单击"确定"按钮,如图7-91所示。

步骤 08 预览此时的画面效果,如图7-92所示。

图7-91 设置颜色

图7-92 预览画面效果

步骤 09 在"效果控件"面板的"不透明度"效果中单击钢笔工具 创建蒙版,如图7-93所示。

步骤 10 在"节目"面板中使用钢笔工具 对商品图片进行抠像,如图7-94所示。

图7-93 单击钢笔工具创建蒙版

图7-94 使用钢笔工具抠像

步骤 11 在序列中拉长图片剪辑的长度,用鼠标右键单击图片剪辑,在弹出的快捷菜单中选择"嵌套"命令，如图7-95所示。

步骤12 在弹出的对话框中输入嵌套序列名称"图片"，单击"确定"按钮，如图7-96所示。

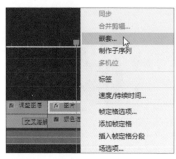

图7-95 选择"嵌套"命令

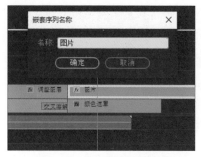

图7-96 输入嵌套序列名称

步骤13 为"图片"剪辑添加"变换"效果，在"效果控件"面板的"变换"效果中启用"位置"动画，添加并设置关键帧，制作从下到上的运动动画，然后调整关键帧的贝塞尔曲线，如图7-97所示。

步骤14 在"变换"效果中启用"缩放"动画，添加两个关键帧，设置"缩放"分别为150.0、100.0，调整关键帧的贝塞尔曲线，如图7-98所示。

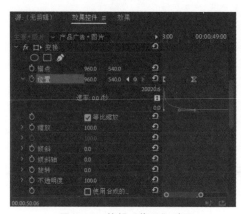

图7-97 编辑"位置"动画

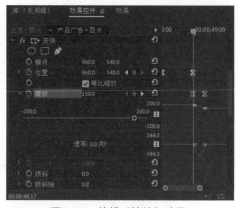

图7-98 编辑"缩放"动画

步骤15 在下方取消勾选"使用合成的快门角度"复选框，设置"快门角度"为360.00，如图7-99所示。

步骤16 为图片剪辑添加一个"变换"效果，启用"位置"动画，添加并设置关键帧，制作图片向左平移的动画，如图7-100所示。

步骤17 将"图片"剪辑拖至V3轨道上，在"节目"面板中输入文本，在序列中将文本素材拖至"图片"剪辑的下方，修剪文本素材的入点到图片向左平移第1个关键帧的位置，如图7-101所示。

步骤18 在"节目"面板中编辑文本，调整文本的位置，如图7-102所示。

图7-99　设置"快门角度"参数值

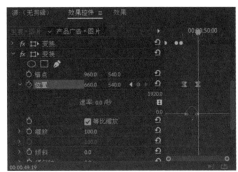

图7-100　编辑"位置"动画

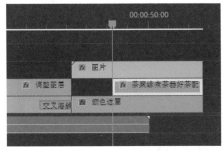

图7-101　添加文本素材

图7-102　编辑文本并调整位置

步骤 19 选中文本素材，为其添加"变换"效果，在"效果控件"面板中启用"变换"效果中的"位置"动画，添加两个关键帧，制作向右平移的动画，如图7-103所示。

步骤 20 在"变换"效果中单击"创建4点多边形蒙版"按钮 ▢，创建蒙版，如图7-104所示。

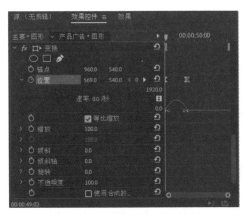

图7-103　编辑"位置"动画

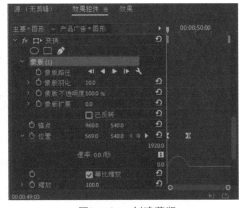

图7-104　创建蒙版

步骤 21 在"节目"面板中调整蒙版的大小和位置，如图7-105所示。

步骤 22 在"节目"面板中预览视频片尾动画效果，如图7-106所示。

图7-105　调整蒙版的大小和位置　　　　　图7-106　预览视频片尾动画效果

步骤 23 选中图片剪辑和文本剪辑，用鼠标右键单击所选剪辑，在弹出的快捷菜单中选择"嵌套"命令，如图7-107所示。

步骤 24 在弹出的对话框中输入嵌套序列名称"片尾"，单击"确定"按钮，如图7-108所示。

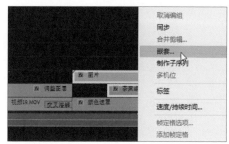

图7-107　选择"嵌套"命令　　　　　　　图7-108　输入嵌套序列名称

步骤 25 将调整图层添加到V3轨道上，将其置于"片尾"剪辑的上方，选中调整图层，如图7-109所示。

步骤 26 打开"Lumetri颜色"面板，在"色轮和匹配"选项组中单击"比较视图"按钮，如图7-110所示。

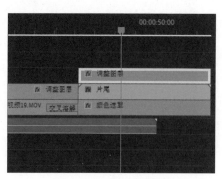

图7-109　选中调整图层　　　　　　　图7-110　单击"比较视图"按钮

步骤 27 进入比较视图，在参考画面下方拖动滑块或输入时间码，将时间线定位到最后一个视频剪辑的位置，如图7-111所示。

步骤28 在"色轮和匹配"选项组中单击"应用匹配"按钮，此时即可使图片匹配参考画面的颜色，在色轮和明暗滑块中可以看到相应的调整，如图7-112所示。

图7-111 定位要参考的画面　　　　　　图7-112 单击"应用匹配"按钮

步骤29 在"节目"面板中预览调色效果，如图7-113所示。调色完成后，在"色轮和匹配"选项组中再次单击"比较视图"按钮，退出比较视图。

图7-113 预览调色效果

课后练习

　　打开"素材文件\第7章\课后练习"文件夹，使用提供的视频素材制作"便携气泡水机"产品广告短视频。

　　关键操作：调整剪切点的位置，为视频调速，为视频调色，添加字幕。

第 8 章
制作宣传片短视频

　　宣传片短视频可以提升企业品牌的整体形象，通过视觉刺激让受众形成深刻的印象，增强企业品牌在受众心目中的权威感。本章将以剪辑"汽车服务"企业宣传片短视频为例，介绍制作此类短视频的方法，包括宣传片短视频的剪辑思路、分段落剪辑视频素材、制作片尾、添加转场效果等。

【学习目标】

➢ 了解宣传片短视频的剪辑思路。
➢ 掌握分段落剪辑视频素材的方法。
➢ 掌握制作片尾的方法。
➢ 掌握为宣传片短视频添加转场效果的方法。

8.1　宣传片短视频的剪辑思路

很多宣传片短视频的拍摄者凭借先进的设备可以完成最基本的制作，要想获得更好的视觉效果，在剪辑过程中还有很多技巧可以采用。一般来说，宣传片短视频的剪辑思路如下。

1. 寻找剪切点

一个完整的视频需要通过许多镜头画面进行组接，其中的重点在于画面剪切点的寻找。剪切点是指人物动作或事物的转折点，例如人的弯腰、招手，从呆若木鸡到欣喜若狂的一瞬等。

剪辑能否成功的关键要看每个画面的转换是否正好落在剪切点上，该停的不停就会显得拖沓，不该停的停了就会产生跳跃感，只有恰到好处才能使画面连贯、稳定、流畅、自然。这个过程需要剪辑人员具备良好的节奏感，这样才能把握住每个剪切点，从而使整个作品的节奏都恰到好处。

2. 画面色调统一

在剪辑宣传片短视频时，剪辑人员要面对各种各样的素材。不同素材的画面色调也许相差较大，这时剪辑人员可以使用剪辑工具进行色调调整，以保证视频画面色调的统一性。

3. 处理好同期声

同期声是指在拍摄影像时记录的现场声音，包括现场音响和人物说话的声音等。同期声是重要的表现手段，可以起到烘托和渲染主题的作用，增强观众的现场感和参与感。在后期处理时，同期声与后期声要放在不同的音轨上。合理地处理同期声会让视频画面和声音更加协调，也能让声音更有质感。

4. 把握镜头组接节奏

题材、样式、风格，以及情节的环境气氛、人物的情绪、情节的起伏跌宕等都是掌控宣传片短视频节奏的依据。宣传片短视频的节奏除了通过演员的表演、镜头的转换和运动、音乐的配合、场景的时空变化等因素体现以外，还需要通过运用组接手段，严格掌握镜头的长度和数量，整理并调整镜头顺序，删除多余的枝节来体现。

5. 添加字幕

添加字幕是制作宣传片短视频的重要一环，无论是片头字幕还是片尾字幕，都是将宣传内容的主题进行直观表现。在宣传片短视频后期制作中，添加字幕可以让信息展示得更加完整，同时也能增强短视频本身的趣味性。

8.2　分段落剪辑视频素材

下面对"汽车服务"企业宣传片短视频进行剪辑，根据拍摄脚本将宣传片短视频的剪辑分为三个段落：第一个段落为门店门面视频素材剪辑，第二个段落为越野车视频素材剪辑，第三个段落为跑车视频素材剪辑。本案例选用了快节奏的背景音乐，且所有镜头均为运动镜头，在剪辑时应注意剪辑的变速调整，以及运用画面的相似性设计转场。

↘ 8.2.1　新建项目并导入素材

制作"汽车服务"企业宣传片短视频的第一步是新建项目并导入素材，然后对素材进行整理，具体操作方法如下。

步骤 01 启动Premiere，按【Ctrl+Alt+N】组合键打开"新建项目"对话框，设置项目名称和保存位置，单击"确定"按钮，如图8-1所示。

步骤 02 按【Ctrl+I】组合键打开"导入"对话框，选择要导入的素材，单击"打开"按钮，如图8-2所示。

图8-1　"新建项目"对话框　　　　　　　　图8-2　导入素材

步骤 03 此时即可将素材导入"项目"面板中。在"项目"面板中创建素材箱，对视频、音频等素材进行整理，如图8-3所示。

步骤 04 按【Ctrl+N】组合键打开"新建序列"对话框，在"序列预设"选项卡中选择所需的预设选项，输入序列名称，单击"确定"按钮，如图8-4所示。

图8-3　使用素材箱整理素材　　　　　　　　图8-4　新建序列

↘ 8.2.2　剪辑第一个段落的视频素材

下面对"汽车服务"企业宣传片短视频的第一个段落进行剪辑，第一个段落包括两个视频素材，内容为门店的门面展示及接待台的展示。在剪辑时应注意剪辑速度的调整，需要展示哪部分画面就让这部分速度慢一些，不需要展示的部分则进行加速处理，具体操作方法如下。

步骤 01 将"音乐"音频素材添加到A1轨道上，用鼠标右键单击音频素材，在弹出的快捷菜单中选择"音频增益"命令，如图8-5所示。

步骤 02 在弹出的对话框中选中"调整增益值"单选按钮，设置该值为-3dB，单击"确定"按钮，如图8-6所示。

图8-5　选择"音频增益"命令

图8-6　"音频增益"对话框

步骤 03 依据音频节奏将时间线定位到第1个镜头结束的位置，单击"添加标记"按钮添加标记，如图8-7所示。

步骤 04 在"项目"面板中打开"1.门面"素材箱，双击"视频1"视频素材，如图8-8所示。

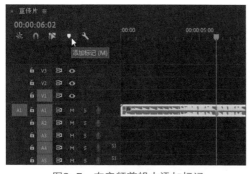

图8-7　在音频剪辑中添加标记

图8-8　双击视频素材

步骤 05 在"源"面板中预览视频素材，通过标记视频素材的入点和出点来选择要使用的部分，如图8-9所示，拖动"仅拖动视频"按钮到序列的V1轨道上。

步骤 06 在弹出的对话框中单击"保持现有设置"按钮，如图8-10所示。

步骤 07 展开V1轨道，用鼠标右键单击剪辑左上方的图标，在弹出的快捷菜单中选择"时间重映射"|"速度"命令，将轨道上的关键帧更改为速度关键帧，如图8-11所示。

步骤 08 按住【Ctrl】键在要进行变速的位置单击，添加速度关键帧，如图8-12所示。

图8-9　标记视频素材的入点和出点

图8-10　单击"保持现有设置"按钮

图8-11　选择"速度"命令

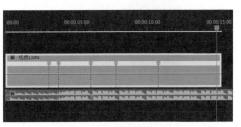

图8-12　添加速度关键帧

步骤⑨ 拖动速度控制线，调整关键帧之间的速度，如图8-13所示。

步骤⑩ 拖动速度关键帧，拆分关键帧为左、右两个部分，形成坡度变速，在调整关键帧后使剪辑的出点位于音频标记的位置，如图8-14所示。

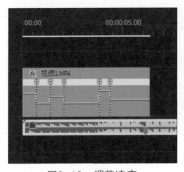

图8-13　调整速度

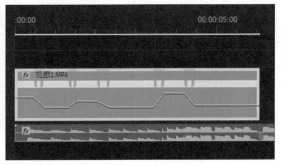

图8-14　拆分速度关键帧

步骤⑪ 在"项目"面板中双击"视频2"素材，在"源"面板中预览视频素材，标记视频素材的入点和出点，如图8-15所示，拖动"仅拖动视频"按钮🔳到序列中。

步骤⑫ 在背景音乐的下一个节奏点位置添加标记，按照前面的方法对"视频2"剪辑进行变速调整，如图8-16所示。

图8-15　标记视频素材的入点和出点

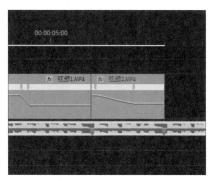

图8-16　调整剪辑速度

步骤 **13** 在序列中选中"视频2"剪辑，在"效果控件"面板中设置"缩放"为110.0、"旋转"为3.0°，如图8-17所示。

步骤 **14** 在"节目"面板中预览"视频2"剪辑效果，如图8-18所示。

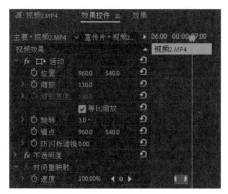

图8-17　设置"缩放"和"旋转"参数值

图8-18　预览剪辑效果

↘ 8.2.3　剪辑第二个段落的视频素材

　　下面对"汽车服务"企业宣传片短视频第二个段落有关越野车的视频素材进行剪辑，其中包括10个视频素材，内容为越野车配件、车身的展示，以及维修人员修理车辆的展示，具体操作方法如下。

步骤 **01** 在"项目"面板中打开"2.越野车"素材箱，双击"视频3"素材，如图8-19所示。

步骤 **02** 在"源"面板中预览视频素材，标记视频素材的入点和出点，如图8-20所示，拖动"仅拖动视频"按钮 到序列中。

步骤 **03** 在"项目"面板中双击"视频4"素材，在"源"面板中标记视频素材的入点和出点，如图8-21所示，拖动"仅拖动视频"按钮 到序列中。

步骤 **04** 在音频的节奏点位置添加标记，然后对"视频3"和"视频4"剪辑进行速度调整，如图8-22所示。

图8-19　双击"视频3"素材

图8-20　标记视频素材的入点和出点

图8-21　标记视频素材的入点和出点

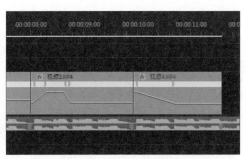

图8-22　对剪辑进行调速

步骤 05 继续在序列中添加"视频5"剪辑，用鼠标右键单击剪辑，在弹出的快捷菜单中选择"速度/持续时间"命令，如图8-23所示。

步骤 06 弹出"剪辑速度/持续时间"对话框，勾选"倒放速度"复选框，单击"确定"按钮，如图8-24所示。

图8-23　选择"速度/持续时间"命令

图8-24　勾选"倒放速度"复选框

步骤 07 用鼠标右键单击剪辑，在弹出的快捷菜单中选择"嵌套"命令，如图8-25所示。

步骤 08 在弹出的对话框中输入嵌套序列名称"视频5"，单击"确定"按钮，如图8-26所示。

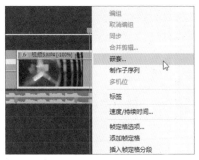

图8-25 选择"嵌套"命令

图8-26 输入嵌套序列名称

步骤 09 利用时间重映射对"视频5"剪辑进行变速调整，如图8-27所示。

步骤 10 继续在序列中添加其他剪辑并进行调速，如图8-28所示。

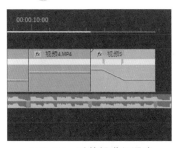

图8-27 对剪辑进行调速

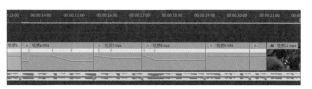

图8-28 添加其他剪辑并调速

步骤 11 在背景音乐中包括一个"焊接声"音效，在对"视频11"剪辑进行修剪时，要将画面与该音效位置对齐，如图8-29所示。

步骤 12 在"节目"面板中预览剪辑效果，如图8-30所示。

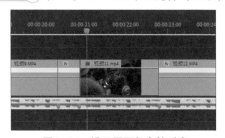

图8-29 设置画面与音效对齐

图8-30 预览剪辑效果

↘ 8.2.4 剪辑第三个段落的视频素材

下面对"汽车服务"企业宣传片短视频第三个段落有关跑车的视频素材进行剪辑，其中包括7个视频素材，内容为门店所售跑车的展示。在组接剪辑时，应确保剪辑之间的转场流畅，具体操作方法如下。

步骤 01 在"项目"面板中打开"3.跑车"素材箱，双击"视频13"素材，如图8-31所示。

步骤 02 在"源"面板中预览视频素材，标记视频素材的入点和出点，如图8-32所示，拖动"仅拖动视频"按钮📷到序列中。

173

图8-31　双击"视频13"素材　　　　图8-32　标记视频素材的入点和出点

步骤 03 在音频的节奏点位置添加标记，对"视频13"剪辑进行变速调整，如图8-33所示。

步骤 04 在"项目"面板中双击"视频14"素材，在"源"面板中标记视频素材的入点和出点，如图8-34所示，拖动"仅拖动视频"按钮到序列中。

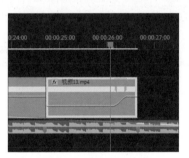

图8-33　调整剪辑速度　　　　图8-34　标记视频素材的入点和出点

步骤 05 在序列中用鼠标右键单击"视频14"剪辑，在弹出的快捷菜单中选择"速度/持续时间"命令，如图8-35所示。

步骤 06 弹出"剪辑速度/持续时间"对话框，勾选"倒放速度"复选框，单击"确定"按钮，如图8-36所示。

图8-35　选择"速度/持续时间"命令　　　　图8-36　勾选"倒放速度"复选框

步骤 07 用鼠标右键单击剪辑，在弹出的快捷菜单中选择"嵌套"命令，在弹出的对话框中输入嵌套序列名称"视频14"，单击"确定"按钮，如图8-37所示。

步骤 08 利用时间重映射对"视频14"剪辑进行变速调整，如图8-38所示。

图8-37 输入嵌套序列名称

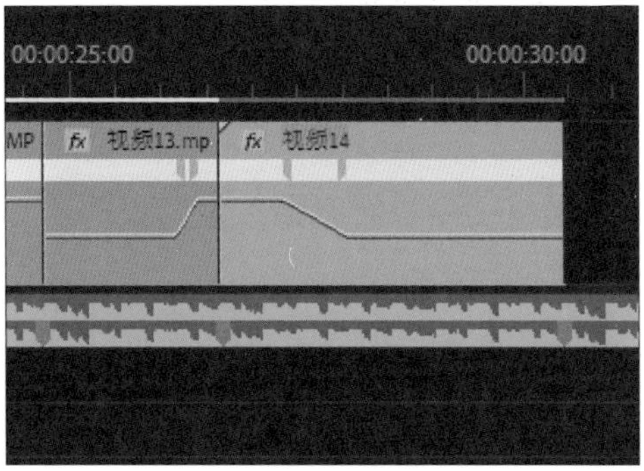

图8-38 调整剪辑速度

步骤 09 在"节目"面板中预览"视频13"和"视频14"剪辑之间的转场效果，通过前一镜头车头灯的推镜头和后一镜头车头灯的拉镜头进行相似性转场，以保证视觉的连贯性，如图8-39所示。

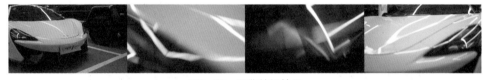

图8-39 预览转场效果

步骤 10 在序列中继续添加"视频15"和"视频16"剪辑，并修剪视频素材到音乐节奏点的位置，如图8-40所示。

步骤 11 在"节目"面板中预览两个剪辑之间的转场效果，画面从前一镜头车的前挡风玻璃转到后一镜头车中的内饰，如图8-41所示。

图8-40 添加剪辑

图8-41 预览转场效果

步骤 12 在"项目"面板中双击"视频17"素材，在"源"面板中标记视频素材的入点和出点，如图8-42所示，拖动"仅拖动视频"按钮■到序列中。

步骤 13 利用时间重映射对"视频17"剪辑进行变速调整，如图8-43所示。

 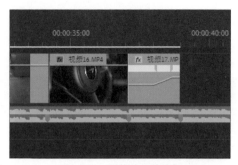

图8-42　标记视频素材的入点和出点　　　　图8-43　调整剪辑速度

步骤 14 在序列中添加"视频18"剪辑，用鼠标右键单击该剪辑，在弹出的快捷菜单中选择"速度/持续时间"命令，如图8-44所示。

步骤 15 弹出"剪辑速度/持续时间"对话框，勾选"倒放速度"复选框，单击"确定"按钮，如图8-45所示。

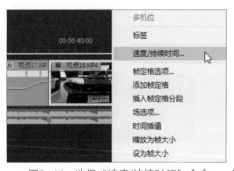 

图8-44　选择"速度/持续时间"命令　　图8-45　勾选"倒放速度"复选框

步骤 16 用鼠标右键单击剪辑，在弹出的快捷菜单中选择"嵌套"命令，如图8-46所示。

步骤 17 在弹出的对话框中输入嵌套序列名称"视频18"，单击"确定"按钮，如图8-47所示。

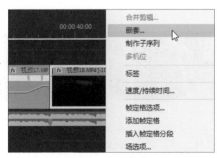 

图8-46　选择"嵌套"命令　　　　图8-47　输入嵌套序列名称

步骤 18 利用时间重映射对"视频18"剪辑进行变速调整，如图8-48所示。

步骤 19 在"节目"面板中预览"视频17"和"视频18"剪辑之间的转场效果，为两个镜头车尾灯之间的相似性转场，如图8-49所示。

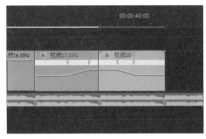

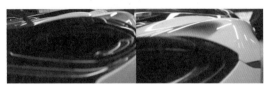

图8-48　调整剪辑速度　　　　　　　　图8-49　预览转场效果

步骤 20 按住【Alt】键向右拖动"视频18"剪辑进行复制，用鼠标右键单击右侧的剪辑，在弹出的快捷菜单中选择"速度/持续时间"命令，如图8-50所示。

步骤 21 弹出"剪辑速度/持续时间"对话框，勾选"倒放速度"复选框，单击"确定"按钮，如图8-51所示。

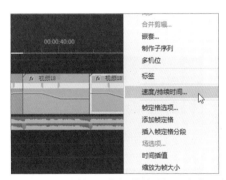

图8-50　选择"速度/持续时间"命令　　　图8-51　勾选"倒放速度"复选框

步骤 22 在"项目"面板中双击"视频19"素材，在"源"面板中标记视频素材的入点和出点，如图8-52所示，拖动"仅拖动视频"按钮到序列中。

步骤 23 利用时间重映射对"视频19"剪辑进行变速调整，如图8-53所示。

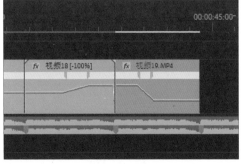

图8-52　标记视频素材的入点和出点　　　图8-53　调整剪辑速度

步骤 24 在"节目"面板中预览"视频18"和"视频19"剪辑之间的转场效果，为前一镜头车尾灯的推镜头转到后一镜头车头灯的拉镜头的相似性转场，如图8-54所示。

图8-54 预览转场效果

8.3 制作片尾

下面制作"汽车服务"企业宣传片短视频的片尾部分，在序列最后的剪辑中，利用蒙版为宣传语文本制作遮罩出场效果，然后显示企业Logo，具体操作方法如下。

步骤 01 在"项目"面板中双击"视频20"素材，在"源"面板中标记视频素材的入点和出点，如图8-55所示，拖动"仅拖动视频"按钮■到序列的最后。

步骤 02 在序列中利用时间重映射调整剪辑的速度，在此将速度降低为70%，如图8-56所示。

图8-55 标记视频素材入点和出点

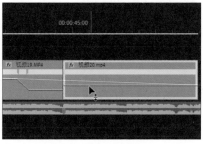

图8-56 调整剪辑速度

步骤 03 用鼠标右键单击剪辑，在弹出的快捷菜单中选择"嵌套"命令，在弹出的对话框中输入嵌套序列名称"视频20"，单击"确定"按钮，如图8-57所示。

步骤 04 将时间线定位到画面中柱子在左侧的位置，如图8-58所示。

图8-57 输入嵌套序列名称

图8-58 定位位置

步骤 05 在序列中选中"视频20"剪辑，在"效果控件"面板的"不透明度"效果中单击钢笔工具✏️创建蒙版，启用"蒙版路径"动画，并勾选"已反转"复选框，如图8-59所示。

步骤 06 双击"节目"面板将其最大化，使用钢笔工具✏️绘制蒙版路径，选中柱子左侧的画面，如图8-60所示。

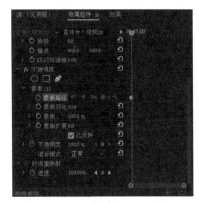

图8-59 创建并设置蒙版

图8-60 绘制蒙版路径

步骤 07 滚动鼠标滚轮或单击"前进一帧"按钮▶️，逐帧预览剪辑，调整蒙版路径，使蒙版始终选中柱子左侧的画面，直到柱子移到最右侧，如图8-61所示。

步骤 08 在序列中按住【Alt】键向上拖动"视频20"剪辑进行复制，将复制的剪辑拖至V3轨道上，选中V1轨道上的"视频20"剪辑，如图8-62所示。

图8-61 调整蒙版路径

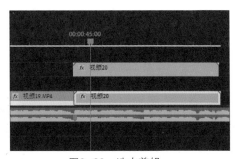

图8-62 选中剪辑

步骤 09 在"效果控件"面板中选中"不透明度"效果中的"蒙版（1）"，按【Delete】键删除蒙版，如图8-63所示。

步骤 10 选择"文件"|"新建"|"旧版标题"命令，在弹出的"新建字幕"对话框中输入名称，单击"确定"按钮，如图8-64所示。

步骤 11 打开"字幕"面板，使用文字工具T在绘图区中输入文本并设置文本格式，关闭"字幕"面板，如图8-65所示。

步骤 12 将创建的字幕从"项目"面板添加到序列中，在"视频20"剪辑的结束位置添加"交叉溶解"过渡效果，如图8-66所示。

图8-63　删除蒙版　　　　　　　　　　图8-64　"新建字幕"对话框

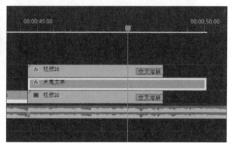

图8-65　输入文本并设置格式　　　　　　图8-66　添加"交叉溶解"过渡效果

步骤 ⑬ 展开V2轨道，在字幕的结尾位置添加关键帧编辑"不透明度"动画，使字幕淡出消失，如图8-67所示。

步骤 ⑭ 在"项目"面板中导入图片素材，并将其添加到"片尾文字"剪辑的结束位置，调整图片大小，在"节目"面板中预览图片效果，如图8-68所示。

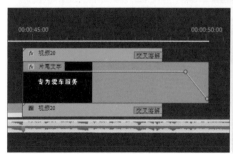

图8-67　编辑"不透明度"动画　　　　　图8-68　预览图片效果

步骤 ⑮ 在图片剪辑的开始位置添加关键帧编辑"不透明度"动画，使图片淡入出现，如图8-69所示。

步骤 ⑯ 展开音频轨道，添加并编辑音量关键帧，制作音频淡出效果，如图8-70所示。

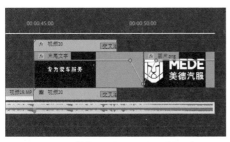

图8-69　编辑图片"不透明度"动画

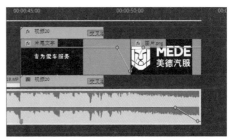

图8-70　编辑音量关键帧动画

8.4　添加转场效果

除了通过镜头运动制作相似性转场效果外，还可以自定义剪辑之间的转场效果，使转场富有创意。下面为宣传片短视频中的剪辑制作光影模糊转场、摇镜转场、无缝缩放转场等，并利用"变形稳定器"效果修复抖动的视频画面。

↘ 8.4.1　制作光影模糊转场效果

光影模糊转场就是在切换镜头时融入模糊和曝光效果，使转场效果更加自然。下面在宣传片短视频的"第一段落"和"第二段落"之间制作光影模糊转场效果，具体操作方法如下。

步骤01 在"项目"面板中创建调整图层，如图8-71所示。

步骤02 双击调整图层，在"源"面板中将时间线定位到第20帧的位置，单击"标记出点"按钮 **▐**，标记剪辑的出点，如图8-72所示。

图8-71　创建调整图层

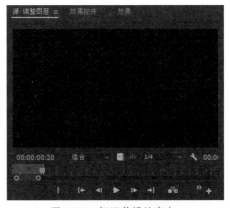

图8-72　标记剪辑的出点

步骤03 将调整图层添加到V2轨道上，将其置于"视频2"和"视频3"剪辑的转场位置，选中调整图层，如图8-73所示。

步骤04 在"效果"面板中搜索"高斯"，双击"高斯模糊"效果添加该效果，如图8-74所示。

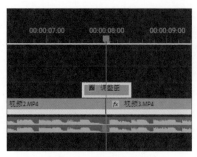

图8-73　选中调整图层

图8-74　添加"高斯模糊"效果

步骤 05 在"效果控件"面板中启用"高斯模糊"效果中的"模糊度"动画，添加3个关键帧，设置"模糊度"分别为0.0、60.0、0.0，勾选"重复边缘像素"复选框，如图8-75所示。

步骤 06 展开"模糊度"选项组，调整关键帧的贝塞尔曲线，如图8-76所示。

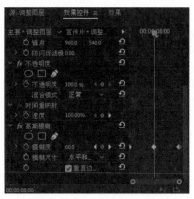

图8-75　编辑"模糊度"动画

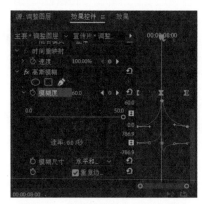

图8-76　调整关键帧的贝塞尔曲线

步骤 07 在序列中按住【Alt】键向上拖动调整图层，将其复制到V3轨道上，如图8-77所示。

步骤 08 在"效果控件"面板中启用"不透明度"效果中的"不透明度"动画，添加3个关键帧，设置"不透明度"分别为0.0%、100.0%（见图8-78）和0.0%，"混合模式"为"颜色减淡"。

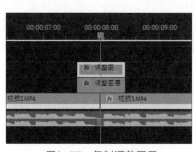

图8-77　复制调整图层

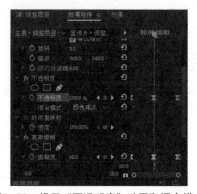

图8-78　设置"不透明度"动画和混合模式

步骤 09 在A2轨道上添加转场音效，在"节目"面板中预览"视频2"和"视频3"剪辑之间的转场效果，如图8-79所示。

图8-79　预览光影模糊转场效果

↘ 8.4.2　制作摇镜转场效果

摇镜转场是模拟摄像机摇镜头的运镜效果，即在切换镜头时为两个镜头添加同一方向的位置移动和动态模糊。下面在宣传片短视频的"第二段落"和"第三段落"之间制作摇镜转场效果，具体操作方法如下。

步骤 01 将调整图层添加到V2轨道上，将其置于"视频12"和"视频13"剪辑的转场位置，选中调整图层，如图8-80所示。

步骤 02 在"效果"面板中搜索"偏移"，双击"偏移"效果添加该效果，如图8-81所示。

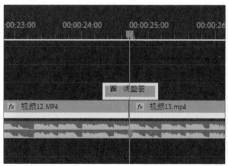

图8-80　选中调整图层　　　　　　图8-81　添加"偏移"效果

步骤 03 在"效果控件"面板中启用"偏移"效果中的"将中心移位至"动画，添加关键帧，如图8-82所示。

步骤 04 在时间线右侧添加第2个关键帧，设置x轴坐标为4800.0（即原始参数的5倍），y轴坐标为1620.0（即原始参数的3倍），如图8-83所示。

步骤 05 展开"将中心移位至"选项组，调整关键帧的贝塞尔曲线，如图8-84所示。

步骤 06 在"效果"面板中搜索"方向模糊"，双击"方向模糊"效果添加该效果，如图8-85所示。

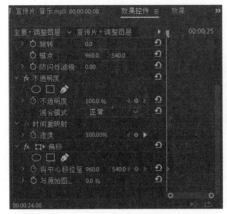

图8-82　启用"将中心移位至"动画

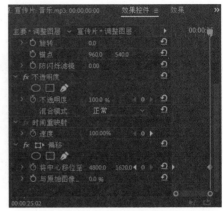

图8-83　设置关键帧参数值

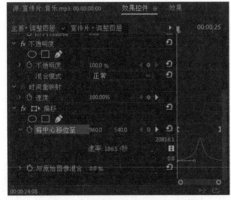

图8-84　调整关键帧的贝塞尔曲线

图8-85　添加"方向模糊"效果

步骤 07 在"效果控件"面板中启用"方向模糊"效果中的"模糊长度"动画，添加3个关键帧，设置"模糊长度"分别为0.0、180.0、0.0，如图8-86所示。

步骤 08 在"节目"面板中预览摇镜转场效果，如图8-87所示。

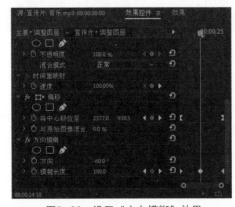

图8-86　设置"方向模糊"效果

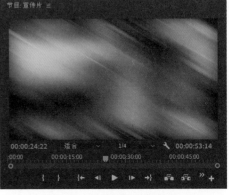

图8-87　预览摇镜转场效果

↘ 8.4.3 制作无缝缩放转场效果

无缝缩放转场效果包括无缝放大转场效果和无缝缩小转场效果。无缝放大转场是在切换镜头时融入动态模糊和放大特效，可以模拟摄像机拉镜的运镜效果，实现空间上的转换，无缝缩小转场则与之相反。下面在"视频15"和"视频16"剪辑之间制作无缝缩放转场效果，具体操作方法如下。

步骤01 将调整图层添加到V2轨道上，将其置于"视频15"和"视频16"剪辑的转场位置。选中调整图层，按住【Alt】键向上拖动，将调整图层复制到V3轨道上，如图8-88所示。

步骤02 选中V2轨道上的调整图层并进行裁剪，如图8-89所示。

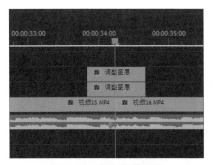

图8-88 复制调整图层

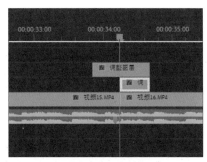

图8-89 裁剪调整图层

步骤03 在"效果"面板中搜索"复制"，双击"复制"效果添加该效果，如图8-90所示。

步骤04 在"效果控件"面板中设置"复制"效果中的"计数"为3，如图8-91所示。

图8-90 添加"复制"效果

图8-91 设置"复制"效果

步骤05 此时即可将视频画面在横向和纵向上均复制为3份，在"节目"面板中预览画面效果，如图8-92所示。

步骤06 在"效果"面板中搜索"镜像"，双击"镜像"效果添加该效果，如图8-93所示。

步骤07 在"效果控件"面板中将"镜像"效果复制为4份，分别设置每个"镜像"效果的"反射角度"和"反射中心"参数值，如图8-94所示。

步骤08 在"节目"面板中预览画面效果，如图8-95所示。

图8-92　预览画面效果

图8-93　添加"镜像"效果

图8-94　设置"镜像"效果

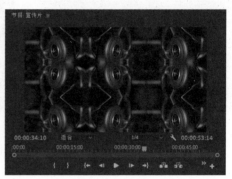

图8-95　预览画面效果

步骤 09 在序列中选中V3轨道上的调整图层，如图8-96所示。

步骤 10 在"效果"面板中搜索"变换"，双击"变换"效果添加该效果，如图8-97所示。

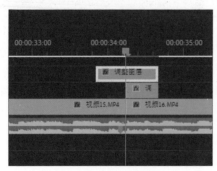

图8-96　选中调整图层

图8-97　添加"变换"效果

步骤 11 在"效果控件"面板中启用"缩放"动画，添加两个关键帧，设置"缩放"分别为100.0、300.0，展开"缩放"选项组，调整关键帧的贝塞尔曲线，如图8-98所示。

步骤 12 在下方取消勾选"使用合成的快门角度"复选框，设置"快门角度"为360.00，如图8-99所示。

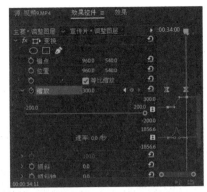

图8-98 编辑"缩放"动画

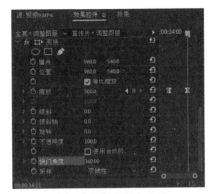

图8-99 设置快门角度

步骤 13 将"转场3"音效素材添加到A2轨道上,如图8-100所示。

步骤 14 此时即可在"节目"面板中预览无缝放大转场效果,如图8-101所示。

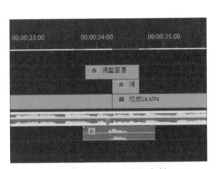

图8-100 添加转场音效

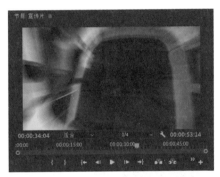

图8-101 预览无缝放大转场效果

步骤 15 要使无缝放大转场效果转换为无缝缩小转场效果,可以在序列中将V2轨道上的调整图层拖至左侧,如图8-102所示。

步骤 16 选中V3轨道上的调整图层,在"效果控件"面板中设置"缩放"分别为300.0、100.0,如图8-103所示。

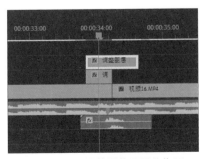

图8-102 调整调整图层的位置

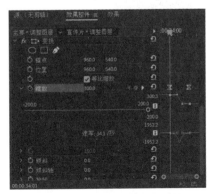

图8-103 编辑"缩放"动画

步骤**17** 在"节目"面板中预览"视频15"和"视频16"剪辑之间的无缝缩小转场效果，如图8-104所示。用户还可以根据需要，编辑"旋转"关键帧动画，制作无缝旋转转场效果。

图8-104 预览无缝缩小转场效果

↘ 8.4.4 添加"变形稳定器"效果

使用Premiere中的"变形稳定器"效果可以修复晃动的画面，该效果常用于消除因拍摄设备移动而造成的画面抖动，使画面变得稳定且流畅。下面使用"变形稳定器"效果修复片尾的画面抖动，具体操作方法如下。

步骤**01** 在序列中选中片尾用到的所有剪辑，用鼠标右键单击所选剪辑，在弹出的快捷菜单中选择"嵌套"命令，如图8-105所示。

步骤**02** 在弹出的对话框中输入嵌套序列名称"片尾"，单击"确定"按钮，如图8-106所示。

 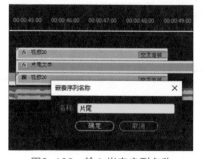

图8-105 选择"嵌套"命令　　　　图8-106 输入嵌套序列名称

步骤**03** 在"效果"面板中搜索"稳定"，双击"变形稳定器"效果添加该效果，如图8-107所示。

步骤**04** 此时在视频画面上会显示"在后台分析"字样，等待程序分析并稳定化完成，如图8-108所示。

步骤**05** 在"效果控件"面板的"变形稳定器"效果中调整"平滑度"参数值，如图8-109所示。

步骤**06** 展开"高级"选项组，设置"详细分析""果冻效应波纹"等参数值，如图8-110所示。"变形稳定器"效果设置完成后，在"节目"面板中预览稳定效果，若不满意可以继续进行调整。

图8-107　添加"变形稳定器"效果

图8-108　分析剪辑

图8-109　调整"平滑度"参数值

图8-110　设置"高级"选项组

课后练习

　　打开"素材文件\第8章\课后练习"文件夹，利用提供的视频、音频素材制作一个汽车宣传片短视频。

　　关键操作：素材的选取与剪辑，根据背景音乐调整剪切点，制作转场效果。

第 9 章
制作微电影

　　微电影是在各种新媒体平台上播放的、适合在移动状态和短时休闲状态下观看的、具有完整的策划和系统的制作体系支持的、具有完整故事情节的短视频。本章将通过剪辑一个叙事类的微电影——《朋友》，介绍制作微电影的方法，包括微电影的剪辑思路、编辑分镜头脚本、微电影剪辑、添加与编辑音频、微电影调色、为微电影添加字幕、导出影片并打包项目等。

【学习目标】

➢ 了解微电影的剪辑思路。
➢ 掌握编辑分镜头脚本的方法。
➢ 掌握微电影的剪辑方法。
➢ 掌握为微电影添加与编辑音频的方法。
➢ 掌握微电影的调色方法。
➢ 掌握为微电影添加字幕的方法。
➢ 掌握导出影片并打包项目的方法。

9.1　微电影的剪辑思路

　　微电影通常会按照短视频脚本的设计进行拍摄，由大量单个镜头组成，剪辑难度相对较大。在剪辑之前，剪辑人员要先熟悉微电影脚本，大致了解微电影剧情的发展方向。

　　一般来说，微电影的剧情都遵循开端、发展、高潮、结局这一内容架构，在剧情框架的基础上融入中心思想、主题风格、创作意图和剪辑创意等元素，最终确定微电影的基本风格。剪辑人员要根据微电影的风格挑选合适的音乐，并确定微电影大概的时长，以便完成剪辑工作。

　　微电影的剪辑思路主要包括传统剪辑和创造性剪辑两种，具体如下。

1. 传统剪辑

　　传统剪辑基本上是按着正常的生活逻辑进行，但又不是完全自然地记录生活中的全部过程。传统剪辑的作用有两个：一是保证镜头转换的流畅，使观众感到整部影片是一气呵成的；二是使影片的段落、脉络清晰，使观众不至于把不同时间、地点的内容误认为是同一场面。因此，传统剪辑必须做到以下3点。

　　（1）防止混乱

　　镜头衔接必须准确无误，不脱节、不重叠，人物动作的方向、空间关系必须一致。

　　（2）镜头转换协调

　　剪辑往往以动作形态、节奏为剪切点，即"动接动""静接静"。"动接动"是指在镜头或人物的运动中切换镜头，如一个摇镜头接另一个摇镜头，或者一人奔逃的镜头接一人追逐的镜头等。"静接静"是指一个动作结束后（或静止场面）的镜头接一个动作开始前（或静止场面）的镜头。

　　（3）省略实际过程

　　省略不必要的、观众不看自明的过程，仍保持动作或情节的连贯，例如用一个飞机起飞镜头接一个飞机降落镜头交代旅行的开始和结束，可以省略旅行过程。

2. 创造性剪辑

　　习惯上把能提高影片艺术效果的剪辑方法称为创造性剪辑，主要有以下3种。

　　（1）戏剧性效果剪辑

　　运用调整重点、关键性镜头出现的时间和顺序，并选择最佳剪切点，使每一个镜头都在剧情展开的最恰当的时间出现。

　　（2）表现性效果剪辑

　　在保证叙事连贯、流畅的同时，大胆简化或跳跃，有选择地集中类比镜头，突出某种情绪或意念。将一些对比和类似的镜头并列，取得揭示内在含义、渲染气氛的效果。

　　（3）节奏性效果剪辑

　　一般来说，镜头短、画面转换快，能表达急迫、紧张感；镜头长、画面转换慢，可表达迟缓、压抑感。因此，长短镜头交替，画面转换快慢结合可以造成观众心理情绪的起伏。利用这一点，创作者在剪辑过程中通过控制画面的时间，掌握转换节奏，就可以控制观众的情绪，达到各种预期的艺术效果。

9.2 编辑分镜头脚本

分镜头脚本是在文字脚本的基础上，按照总体构思，将故事情节、内容以镜头为基本单位，划分出不同的景别、角度、声画形式、镜头关系等，相当于视觉形象的文字版本。在短视频的拍摄和后期制作中，基本上都会以分镜头脚本为直接依据。

分镜头脚本适用于故事性较强的短视频作品，其包含的内容十分细致，每个画面都要在导演的掌控之中，一般按镜号、机号、景别、拍摄法、时间、画面内容、解说词（对白）、音响、音乐、备注的顺序制作成表格，分项填写，分镜头脚本格式如表9-1所示。在分镜头脚本的编写格式上可以根据实际情况灵活掌握，不必拘泥。

表9-1　分镜头脚本格式

镜号	机号	景别	拍摄法	时间	画面内容	解说词（对白）	音响	音乐	备注

剪辑人员在剪辑微电影前，应仔细阅读微电影的剧本及分镜头脚本，从而对故事有一个大致的了解，然后依据分镜头脚本一一进行剪辑。表9-2所示为本案例的分镜头脚本。

表9-2　微电影《朋友》的分镜头脚本

角色		造型	服装
A	白伟		无领T恤、牛仔裤
B	王毅		衬衣、牛仔裤
C	张总		Polo衫、深色裤子

镜号	取景地	景别	内容	对白
1	教室	中景	课堂上，A和B在认真听课	
2	教室	近景	A和B拿着书本在相互讨论	
3	户外	远景	毕业了，同学们穿着博士服，抛起帽子欢呼	
4	公司	中景	A拿着商业计划书找投资，四处碰壁	
5	家中	近景	A坐到桌子前翻看着自己的商业计划书	
6	家中	近景	A想到自己这么好的计划被拒绝，处处碰壁，生气地撕了商业计划书，扔进了垃圾桶	

镜号	取景地	景别	内容	对白
7	家中	（电话）特写	A的电话响起，是B打来的，A挂断电话，电话再次响起来，A接起电话	
8	家中	特写	A表情失落，无精打采	B："忙完了没，出来坐坐？" A："烦得很，事太多，下次吧！" B："今天是我的生日，出来聊聊吧！" A："行，在哪？" B："老地方。"
9	咖啡馆	近景	B在咖啡厅桌子前坐着，看着手机很兴奋，看到A，站起来打招呼	
10	咖啡馆	近景	A一脸无神地朝着B走过来，B热情地招手回应	B："坐吧，想吃点什么？"
11	咖啡馆	近景	A很随意地点了一杯咖啡，看向B	A："那就一杯美式。"
12	咖啡馆	近景	B起身，对着A的身后，向前迎接	B："张总，您能来真是太好了！"
13	咖啡馆	特写	A面露不悦	
14	咖啡馆	近景	3个人坐在咖啡厅	B："张总，快请坐！" B向A介绍："这是张总，创投公司的知名投资人。" B向张总介绍："我最好的朋友，也是我的大学室友小白。"
15	咖啡馆	近景	张总电话响起	张总："抱歉，我出去接个电话。"
16	咖啡馆	特写	B开心的表情，准备向A介绍张总	B："大伟，这个张总是国内知名投资公司的……"
17	咖啡馆	特写	A愤怒的表情，越说越生气	A："够了，王毅！我知道你这几年混得不错。创业遇到这么大的事情，这么多坎，忙都忙死了，你说生日就咱俩聊聊，我放下这么多事情来陪你。这是干嘛？显摆吗？我知道你家境好、人脉广，行了吧？够了吧？！"
18	咖啡馆	特写	B连忙解释，表情着急，拉住A	B："大伟，你听我解释。"
19	咖啡馆	近景	A甩开B，走了，背影	A："停停停！这天儿你和别人聊吧，我没兴趣！"

续表

镜号	取景地	景别	内容	对白
20	咖啡馆门外	中景	门口遇见打完电话的张总，擦身而过。张总叫住A	张总："哎，小白？你要走吗？" A："嗯，张总，我去买包烟。"（客套的表情）
21	咖啡馆门外	中景	张总赞许的表情。咖啡厅门口对话	张总："刚要跟你说这个好消息呢，你们的那个商业计划书我看了，想法很不错！我和我的几个合伙人准备给你们这个项目投资。"
22	咖啡馆门外	特写	A诧异的表情	张总："怎么，你不知道吗？"
23	张总办公室	中景	B轻轻敲门	B："张总，您好。"
24	张总办公室	近景	张总无奈的表情	张总："哎，你怎么又来了，我真的很忙。"
25	办公楼前	中景	张总下楼梯	张总："你怎么又来了。" B："张总，就5分钟。" 张总："我真的很忙。"
26	办公楼前	近景	B开心地将商业计划书递给张总，张总快步下楼梯	张总："商业计划书先给我吧，那咱们就改天聊！" B："好。"
27	咖啡馆	中景	张总和A边走边说话走进咖啡馆	
28	咖啡馆	特写	B看到他们进来，开心地笑了	
29	咖啡馆	特写	A看向B，露出感谢、歉意的微笑	

9.3 微电影剪辑

　　剪辑人员在剪辑微电影前需要提前做好计划、厘清思路，例如与主创人员沟通脚本想要传达的意图，确认素材是否有更改或删减等。这样在正式剪辑时，才能条理清晰、事半功倍。下面对微电影《朋友》进行视频剪辑，包括新建项目并导入素材、按场景剪辑素材、组接场景及制作片尾文本动画等。

↘ 9.3.1 新建项目并导入素材

　　要制作一个微电影作品，一般前期会拍摄许多素材。在剪辑前，需要对这些素材进行分类。在剪辑时，将这些素材直接拖放到创建的项目中即可，具体操作方法如下。

步骤 **01** 启动Premiere，按【Ctrl+Alt+N】组合键打开"新建项目"对话框，设置项目名称和保存位置，单击"确定"按钮，如图9-1所示。

步骤 02 打开存放素材的文件夹,在此按照场景和素材类型对用到的素材进行分类,如图9-2所示。

图9-1 "新建项目"对话框

图9-2 整理素材

步骤 03 将用到的所有素材拖至"项目"面板中,如图9-3所示。

步骤 04 打开素材箱,单击下方的"图标视图"按钮■预览视频素材,根据需要对视频素材进行筛选,如图9-4所示。

图9-3 导入素材

图9-4 预览视频素材

↘ 9.3.2 按场景剪辑素材

下面根据分镜头脚本把每个场景中的镜头分别剪辑出来,主要包括"学校"场景、"家中"场景、"咖啡馆"场景及"闪回"场景。

1. 剪辑"学校"场景

有关"学校"场景的视频素材有3个,其中两个视频素材内容为白伟和王毅在教室里听课和讨论,一个为下载的"毕业季"视频素材。下面对有关"学校"场景的视频素材进行剪辑,具体操作方法如下。

步骤 01 按【Ctrl+N】组合键打开"新建序列"对话框,在"序列预设"选项卡中选择所需的预设选项,在下方输入序列名称"微电影粗剪",单击"确定"按钮,如图9-5所示。

步骤 02 打开"教室"素材箱,预览视频素材并对视频按先后顺序进行排序,然后双击第1个视频素材,如图9-6所示。

图9-5 "新建序列"对话框

图9-6 预览视频素材并排序

步骤 03 在"源"面板中标记视频素材的入点和出点，如图9-7所示，拖动视频素材到"微电影粗剪"序列的V1轨道上。

步骤 04 在弹出的提示对话框中单击"保持现有设置"按钮，添加剪辑，如图9-8所示。

图9-7 标记视频素材的入点和出点

图9-8 添加剪辑到序列

步骤 05 在"项目"面板中双击第2个视频素材，在"源"面板中标记视频素材的入点和出点，如图9-9所示。

步骤 06 将视频素材从"源"面板拖至序列的V1轨道上，并组接到第1个剪辑的结尾，如图9-10所示。

步骤 07 使用波纹编辑工具调整两个剪辑之间的剪切点，使镜头间的动作连贯，如图9-11所示。

步骤 08 在"源"面板中打开"毕业季"视频素材，标记视频素材的入点和出点，如图9-12所示，然后将剪辑组接到序列的最后。

图9-9　标记视频素材的入点和出点

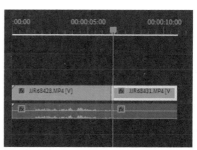

图9-10　添加第2个剪辑

图9-11　调整剪切点

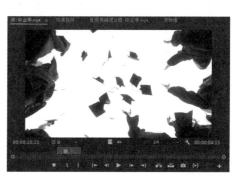

图9-12　标记视频素材的入点和出点

2. 剪辑"家中"场景

"家中"场景的内容主要为白伟撕掉商业计划书，以及他与王毅之间打电话的场景。在剪辑"打电话"的有关镜头时，应注意电话中对方说话音频的剪辑。下面对有关"家中"场景的视频素材进行剪辑，具体操作方法如下。

步骤 01 "家中"场景前还有一个"公司"场景，内容为白伟拿着商业计划书找投资，四处碰壁。由于只包括一个视频素材，在此将该视频素材添加到序列的V1轨道上，并使其与前一个场景中的剪辑留有一定的间隙，如图9-13所示。

步骤 02 在"节目"面板中预览画面，如图9-14所示。

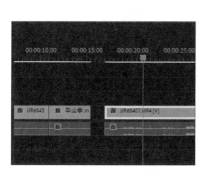

图9-13　添加视频素材

图9-14　预览画面

步骤 03 打开"家中"素材箱，预览视频素材并进行排序，如图9-15所示。

步骤 04 分别在"源"面板中打开前3个视频素材并进行剪辑，然后将其添加到序列中，剪辑与上一个场景要留有一定的间隙，如图9-16所示。

图9-15 预览与排序素材

图9-16 添加视频素材

步骤 05 使用波纹编辑工具 ◄⊩ 调整视频剪辑之间的剪切点，使镜头之间的动作变得连贯。图9-17所示为前两个剪辑剪切点位置的画面，图9-18所示为后两个剪辑剪切点位置的画面。

图9-17 前两个剪辑剪切点位置的画面

图9-18 后两个剪辑剪切点位置的画面

步骤 06 将下一个剪辑添加到"时间轴"面板中，该剪辑有一个接听手机来电的动作，在接听来电前先响起手机铃声，在此将"手机铃声"音频素材拖至A2轨道上，如图9-19所示。

步骤 07 调整手机铃声素材的开始位置，使手机铃声响起后，白伟看向手机，如图9-20所示。

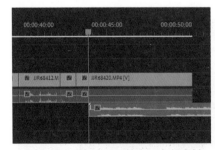

图9-19 添加"手机铃声"音频素材

图9-20 白伟看向手机

步骤 08 添加下一个剪辑并调整剪辑的剪切点，当白伟拿起手机并看向屏幕时，显示下一剪辑中手机的特写镜头，如图9-21所示。

图9-21 添加剪辑并调整剪切点

步骤 09 继续添加其他剪辑并进行修剪，内容为白伟挂断电话，然后是手机铃声再次响起，白伟接电话，并与王毅进行通话。在剪辑视频素材时，多次重复使用了白伟在沙发上打电话的视频素材，并穿插了手机特写，以及王毅打电话的镜头。为了便于剪辑，将这些穿插的剪辑置于V2轨道上，如图9-22所示。

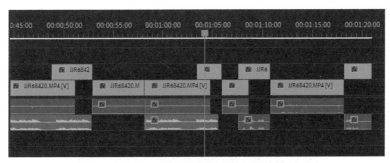

图9-22 添加其他剪辑并进行修剪

步骤 10 将时间线定位到白伟通话中有王毅讲话声音的位置，如图9-23所示。

步骤 11 在"源"面板中打开相应的视频素材，标记说话声音的入点和出点，如图9-24所示。

图9-23 定位时间线位置　　　　　图9-24 标记说话声音的入点和出点

步骤 12 拖动"仅拖动音频"按钮 到序列的A2轨道上，将音频剪辑放到时间线位置，按【Space】键预览效果，如图9-25所示。

步骤 13 采用同样的方法，将时间线定位到王毅通话中有白伟讲话声音的位置，添加相应的音频剪辑，如图9-26所示。

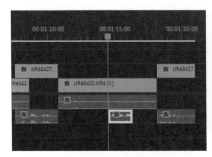

图9-25　添加音频剪辑

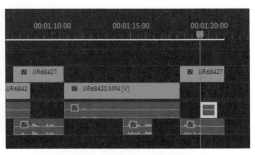

图9-26　继续添加音频剪辑

3. 剪辑"咖啡馆"场景

"咖啡馆"场景为本案例中镜头最多的场景，内容为咖啡馆内白伟和王毅的对话，以及咖啡馆外白伟与张总的对话。在剪辑时，应注意画面构图的调整。下面对有关"咖啡馆"场景的视频素材进行剪辑，具体操作方法如下。

步骤 01 打开"咖啡馆"素材箱，预览视频素材并进行排序，如图9-27所示。

图9-27　预览视频素材并排序

步骤 02 按照分镜头脚本剪辑"咖啡馆"场景视频素材，并对剪辑的剪切点进行调整，如图9-28所示。

图9-28　剪辑"咖啡馆"场景视频素材

步骤 03 在白伟进入咖啡馆后拉椅子坐下的镜头（见图9-29）中出现了场外导演讲话的声音，需要将这段音频裁掉，并从该镜头前面的部分中选一段没有导演讲话的音频作为环境音进行补充。

步骤 04 在序列中选中该镜头所对应的音频素材，双击该音频素材，如图9-30所示。

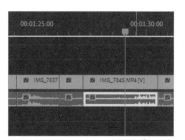

图9-29 找到出现导演讲话的镜头　　图9-30 双击音频素材

步骤 05 此时即可在"源"面板中打开音频素材，如图9-31所示。

步骤 06 拖动入点和出点之间的 █ 按钮，选择只有环境音的音频部分，如图9-32所示。

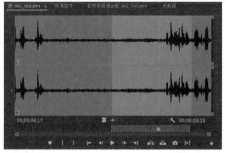

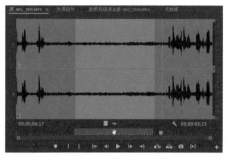

图9-31 在"源"面板中打开音频素材　　图9-32 选择环境音

步骤 07 在"咖啡馆"场景中还需要对部分镜头进行重新构图，图9-33所示为调整前的构图。

图9-33 调整前的构图

步骤 08 根据需要调整剪辑的大小和位置，图9-34所示为调整后的构图。

图9-34 调整后的构图

4. 剪辑"闪回"场景

"闪回"是指镜头由现在跳切到过去的一种剪辑手法。在本案例中，"闪回"场景的内容为回忆王毅帮白伟找投资的画面，在此用到了4个实拍视频素材与一个外部视频素材。下面对有关"闪回"场景的视频素材进行剪辑，具体操作方法如下。

步骤01 打开"回忆"素材箱，预览视频素材并进行排序，如图9-35所示。

图9-35　预览视频素材并排序

步骤02 依次剪辑视频素材并按顺序将其放到"时间轴"面板中，该场景的内容不需要同期声，在此删除了剪辑中相应的音频，如图9-36所示。

步骤03 在"节目"面板中预览剪辑效果，如图9-37所示。

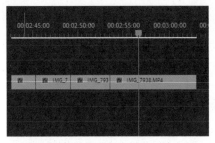

图9-36　剪辑视频素材并删除音频

图9-37　预览剪辑效果

步骤04 在"项目"面板中双击"大楼"视频素材，在"源"面板中标记视频素材的入点和出点，如图9-38所示。

步骤05 按住【Ctrl】键拖动视频素材，将其插入第2个视频剪辑的结尾位置，如图9-39所示。

图9-38　剪辑"大楼"视频素材

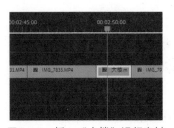

图9-39　插入"大楼"视频素材

步骤06 在"效果控件"面板中设置"位置"和"缩放"参数值，如图9-40所示。

步骤07 在"大楼"素材的入点位置添加"白场过渡"效果，并调整持续时间为10帧，如图9-41所示。

图9-40 设置"位置"和"缩放"参数值

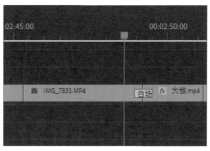

图9-41 添加"白场过渡"效果

步骤08 采用同样的方法，剪辑"闪回"场景结束后白伟和张总回到咖啡馆的3个镜头。至此，按场景剪辑完毕，各场景的剪辑之间都留有一定的间隙，如图9-42所示。

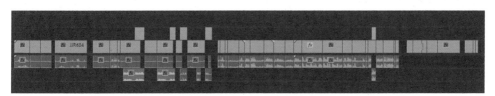

图9-42 完成各场景的剪辑

↘ 9.3.3 组接场景

下面将各场景中的剪辑组接起来形成一个连续的序列，并在各场景之间添加转场效果，具体操作方法如下。

步骤01 在"项目"面板中复制"微电影粗剪"序列，并将其重命名为"微电影精剪"，双击序列将其打开，如图9-43所示。

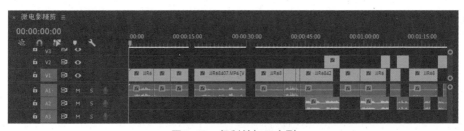

图9-43 复制并打开序列

步骤02 按【A】键调用向前选择轨道工具，单击第1个场景后的剪辑，选中后面的所有剪辑。按【V】键调用选择工具，向右移动选中的剪辑，拉大间隙，如图9-44所示。

步骤03 创建黑场视频，并将黑场视频添加到第1个场景的结束位置，修剪黑场视频的持续时间为3秒，如图9-45所示。

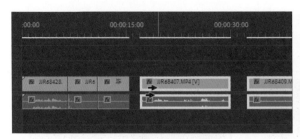

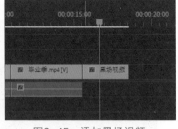

图9-44　选中剪辑并拉大间隙　　　　图9-45　添加黑场视频

步骤04 使用文字工具■在"节目"面板中输入文本，如图9-46所示。

步骤05 在"效果控件"面板的"文本"选项组中启用"源文本"动画，如图9-47所示。

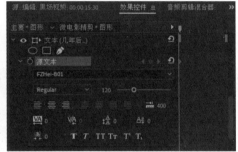

图9-46　输入文本　　　　图9-47　启用"源文本"动画

步骤06 按两次【Shift+→】组合键，将时间线向右移动10帧，单击■按钮添加关键帧，如图9-48所示。

步骤07 采用这种方法添加6个关键帧，然后将时间线移至倒数第2个关键帧的位置，如图9-49所示。

图9-48　添加关键帧　　　　图9-49　移动时间线位置

步骤08 在"节目"面板中删除文本中的最后一个字符，即一个点"·"，如图9-50所示。

步骤09 将时间线移至倒数第3个关键帧的位置，如图9-51所示。

图9-50　删除最后一个字符

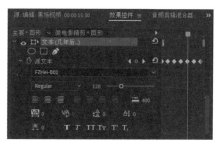

图9-51　移动时间线位置

步骤 ⑩ 在"节目"面板中删除最后两个字符，如图9-52所示。采用同样的方法继续操作，直到所有字符都被删除，播放"源文本"动画，即可预览文本打字机动画效果。

步骤 ⑪ 按【R】键调用比率拉伸工具 ，使用该工具调整文本素材的长度，对文本打字机动画进行调速，如图9-53所示。

图9-52　删除最后两个字符

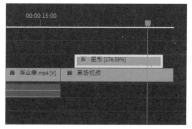

图9-53　调整文本打字机动画速度

步骤 ⑫ 在"项目"面板中双击"打字"音频素材，在"源"面板中标记音频素材的入点和出点，如图9-54所示。

步骤 ⑬ 将"打字"音频素材添加到A1轨道上，并将其置于文本素材的下方，如图9-55所示。

图9-54　标记音频素材的入点和出点

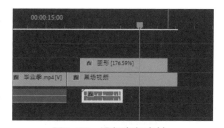

图9-55　添加音频素材

步骤 ⑭ 在序列中删除黑场视频与下一剪辑之间的间隙，然后在黑场视频的两端添加"交叉溶解"效果，如图9-56所示。

步骤 ⑮ 将各场景剪辑组接到一起，在"闪回"场景的开始位置添加"白场过渡"效果，并设置持续时间为10帧，如图9-57所示。

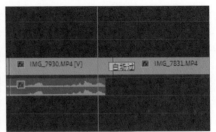

图9-56 添加"交叉溶解"效果 　　　　 图9-57 添加"白场过渡"效果

↘ 9.3.4 制作片尾文本动画

微电影的视频素材剪辑完成后，下面制作微电影最后的片尾文本动画，文本内容为微电影名称及演职人员名单，具体操作方法如下。

步骤 01 将黑场视频添加到视频的结尾，使用文字工具 T 输入并编辑文本，如图9-58所示。

步骤 02 在"节目"面板中将文本置于画面的中心位置，如图9-59所示。

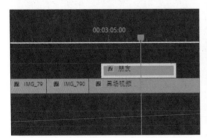

图9-58 添加黑场视频并编辑文本 　　　　 图9-59 调整文本位置

步骤 03 在"效果控件"面板的"矢量运动"效果中编辑"缩放"关键帧动画，制作文本放大动画，如图9-60所示。

步骤 04 在"不透明度"效果中编辑"不透明度"动画，制作文本淡入淡出效果，锁定文本的开场持续时间和结尾持续时间，如图9-61所示。

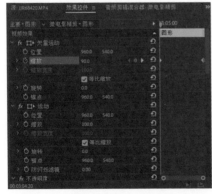

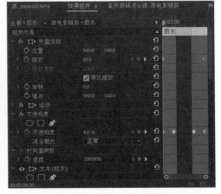

图9-60 编辑"缩放"关键帧动画 　　　　 图9-61 编辑"不透明度"动画

步骤 05 选择"文件"|"新建"|"旧版标题"命令，如图9-62所示。

步骤 06 在弹出的"新建字幕"对话框中输入名称，然后单击"确定"按钮，如图9-63所示。

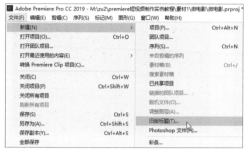

图9-62 选择"旧版标题"命令

图9-63 "新建字幕"对话框

步骤 07 打开"字幕"面板，使用文字工具 T 在绘图区中输入文本并设置文本格式。选中文本，在上方单击"滚动/游动"按钮，如图9-64所示。

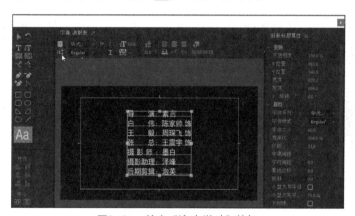

图9-64 单击"滚动/游动"按钮

步骤 08 在弹出的对话框中选中"滚动"单选按钮，勾选"开始于屏幕外"复选框，设置"缓出"为15帧、"过卷"为50帧，单击"确定"按钮，如图9-65所示。

步骤 09 将创建的字幕添加到序列中，选中字幕素材，如图9-66所示。

图9-65 设置滚动字幕

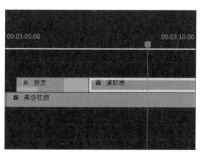

图9-66 选中字幕素材

207

步骤⑩ 在"效果"面板中搜索"裁剪"，双击"裁剪"效果添加该效果，如图9-67所示。

步骤⑪ 在"效果控件"面板的"裁剪"效果中设置"底部"为15.0%，如图9-68所示。

图9-67 添加"裁剪"效果

图9-68 设置"裁剪"效果

步骤⑫ 在"节目"面板中预览滚动字幕效果，如图9-69所示。

步骤⑬ 将"朋友"文本移至V2轨道上，然后修剪"演职表"文本入点的位置，如图9-70所示。

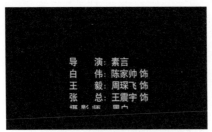

图9-69 预览滚动字幕效果

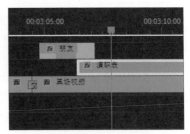

图9-70 修剪文本入点的位置

9.4 添加与编辑音频

下面对微电影中需要用到的音频进行编辑，如添加音频素材、调整音频素材等。

9.4.1 添加音频素材

微电影视频素材编辑完成后，下面为微电影添加音频素材，包括同期声匹配、添加音效、添加背景音乐及旁白等，具体操作方法如下。

步骤① 在"项目"面板中复制"微电影精剪"序列，并将其重命名为"添加音频"，如图9-71所示，双击序列将其打开。

步骤② 在序列中选中不需要同期声的剪辑所对应的音频，按【Delete】键将其删除，如图9-72所示。

步骤③ 将"欢呼声"音效素材添加到A2轨道上，并将其置于"毕业季"剪辑的下方。展开音频轨道，添加音量关键帧并调整音量大小，如图9-73所示。

步骤④ 将背景音乐素材添加到A3轨道上，如图9-74所示。

图9-71 复制并重命名序列

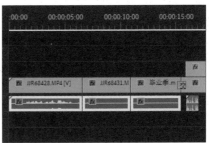

图9-72 删除不需要的同期声

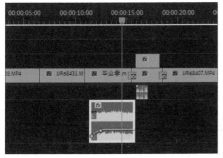

图9-73 添加音量关键帧并调整音量大小

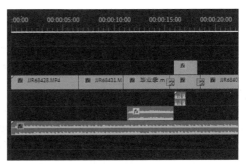

图9-74 添加背景音乐

步骤 05 修剪背景音乐的出点到手机铃声响起的位置，然后展开音频轨道，添加关键帧并调整音量，制作声音淡出效果，如图9-75所示。

步骤 06 为了区别背景音乐与其他音频素材，将背景音乐素材设置为不同的标签颜色。用鼠标右键单击背景音乐素材，在弹出的快捷菜单中选择"标签"命令，然后选择所需的标签颜色，这里选择"洋红色"选项，如图9-76所示。

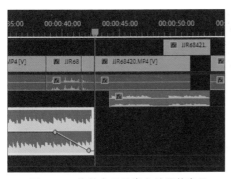

图9-75 修剪音乐的出点并调整音量

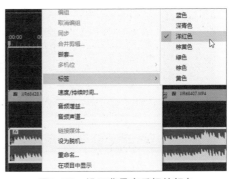

图9-76 设置背景音乐标签颜色

步骤 07 在"项目"面板中选择要使用的配音素材，如图9-77所示。

步骤 08 将配音素材添加到A2轨道上，使用剃刀工具对每一句话的音频进行裁剪，如图9-78所示。

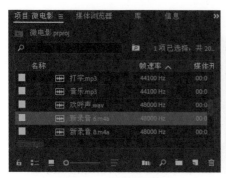

图9-77　选择配音素材　　　　　　　　图9-78　裁剪音频素材

步骤09 根据画面分别调整每个音频素材的位置，如图9-79所示。

步骤10 在"源"面板中打开背景音乐素材，标记入点和出点，如图9-80所示。

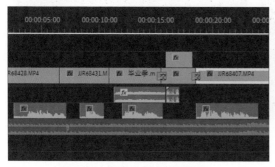 

图9-79　调整音频素材的位置　　　　　图9-80　标记背景音乐素材的入点和出点

步骤11 将背景音乐添加到"闪回"片段开始的位置，如图9-81所示。

步骤12 修剪背景音乐出点位置，展开音频轨道，添加并编辑关键帧，制作声音淡出效果，然后在V2轨道上添加旁白配音素材，如图9-82所示。

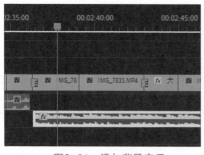 

图9-81　添加背景音乐　　　　　　　　图9-82　添加旁白配音素材

↘ 9.4.2　调整音频素材

下面对微电影中的音频素材进行调整，包括调整人物说话的音量、减少噪声、调整背景音乐音量、制作"电话音"效果等，具体操作方法如下。

步骤 01 在序列中选中旁白音频素材，如图9-83所示。

步骤 02 打开"基本声音"面板，单击"对话"按钮，如图9-84所示。

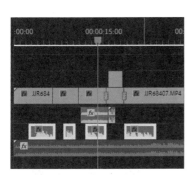

图9-83　选中旁白音频素材

图9-84　单击"对话"按钮

步骤 03 在"剪辑音量"选项组中调整音量级别，如图9-85所示。

步骤 04 设置A1和A3轨道为静音轨道，播放音频，在"音频仪表"面板中预览A2轨道中音频剪辑的音量大小，如图9-86所示。

图9-85　调整音量级别

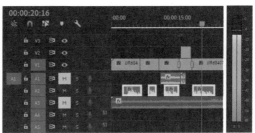

图9-86　预览音量大小

步骤 05 选中包含人物对话的同期声音频素材，如图9-87所示。

步骤 06 在"基本声音"面板中单击"对话"按钮，如图9-88所示。

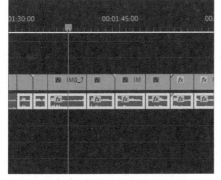

图9-87　选中人物对话音频素材

图9-88　单击"对话"按钮

步骤 07 展开"响度"选项组，单击"自动匹配"按钮，将所选音频剪辑的音量调整为"对话"的平均标准响度，如图9-89所示。

步骤 08 单击"预设"下拉按钮，在弹出的下拉列表中选择"清理嘈杂对话"选项，对音频进行降噪处理，如图9-90所示。

图9-89 单击"自动匹配"按钮   图9-90 选择"清理嘈杂对话"选项

步骤 09 用鼠标右键单击背景音乐素材，在弹出的快捷菜单中选择"音频增益"命令，如图9-91所示。

步骤 10 弹出"音频增益"对话框，选中"将增益设置为"单选按钮，设置该值为-8 dB，单击"确定"按钮，如图9-92所示。

图9-91 选择"音频增益"命令   图9-92 "音频增益"对话框

步骤 11 将时间线定位到白伟打电话的位置，如图9-93所示。

步骤 12 在音频素材中选中手机通话中对方讲话的音频剪辑，如图9-94所示。

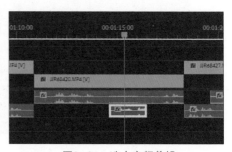

图9-93 定位时间线位置   图9-94 选中音频剪辑

步骤 13 按【/】键标记所选剪辑,将所选剪辑标记为序列的入点和出点,如图9-95所示。

步骤 14 在"效果"面板中搜索"高通",双击"高通"效果添加该效果,如图9-96所示。

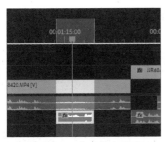

图9-95　标记音频剪辑　　　　图9-96　添加"高通"效果

步骤 15 在"效果控件"面板中设置"高通"效果中的"屏蔽度"参数值,按【Ctrl+Shift+Space】组合键播放剪辑预览"电话音"效果,如图9-97所示。

步骤 16 用剃刀工具对音频剪辑上层轨道上相应的音频进行裁剪,选中裁剪后的剪辑,按【Shift+E】组合键禁用音频剪辑,如图9-98所示。

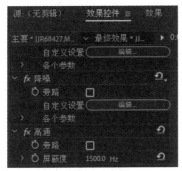
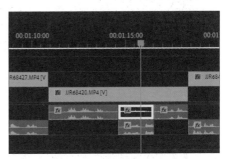

图9-97　设置"屏蔽度"参数　　　　图9-98　禁用音频剪辑

9.5　微电影调色

下面对剪辑中个别地方的颜色进行校正,使其具有正确的曝光和色调,具体操作方法如下。

步骤 01 在"项目"面板中复制"添加音频"序列,并将其重命名为"视频调色",如图9-99所示,双击该序列将其打开。

步骤 02 在"节目"面板中将时间线定位到要调色的剪辑上并选中该剪辑,如图9-100所示。

步骤 03 切换到"颜色"工作区,在"Lumetri颜色"面板的"基本校正"选项组中调整"曝光""对比度""高光""阴影"等参数值,如图9-101所示。

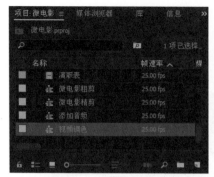

图9-99　复制并重命名序列

图9-100　选中要调色的剪辑

图9-101　进行基本调色

步骤 04 将时间线定位到要调色的剪辑上并选中该剪辑，如图9-102所示。

步骤 05 在"Lumetri颜色"面板中展开"色轮和匹配"选项组，单击"比较视图"按钮，如图9-103所示。

图9-102　选中要调色的剪辑

图9-103　单击"比较视图"按钮

步骤 06 进入比较视图，在参考画面下方拖动滑块，将播放头定位到要参考的位置，如图9-104所示。

图9-104 定位参考画面

步骤 **07** 在"色轮和匹配"选项组中单击"应用匹配"按钮，与参考画面匹配颜色，查看调色效果，如图9-105所示。单击"比较视图"按钮，退出比较视图。

图9-105 查看调色效果

步骤 **08** 颜色自动匹配完成后，根据需要继续调整画面的颜色。在"Lumetri颜色"面板中展开"基本校正"选项组，调整"对比度""高光""阴影"等参数值，如图9-106所示。

图9-106 继续调整画面的颜色

9.6 为微电影添加字幕

下面为微电影添加字幕，包括一些交代时间、地点的一般性字幕和微电影中的同期声字幕。

↘ 9.6.1 添加一般性字幕

下面在微电影中添加一些必要的字幕，如介绍导演、演员、时间、地点的字幕，具体操作方法如下。

步骤01 在"项目"面板中复制"视频调色"序列，并将其重命名为"添加字幕"，如图9-107所示，双击该序列将其打开。

步骤02 使用文字工具 **T** 输入文本，在序列中修剪文本的长度，如图9-108所示。

图9-107　复制并重命名序列

图9-108　输入文本并修剪长度

步骤03 在"节目"面板中调整文本的位置，并设置文本格式，如图9-109所示。

步骤04 打开"效果控件"面板，在文本的"变换"效果下编辑"不透明度"动画，制作文本淡入淡出效果，然后锁定文本开场和结尾的持续时间，如图9-110所示。

图9-109　调整文本的位置并设置文本格式

图9-110　编辑"不透明度"动画

步骤05 将文本素材复制到"闪回"片段开始的位置，并修剪文本长度，如图9-111所示。

步骤06 在"节目"面板中修改文本，如图9-112所示。

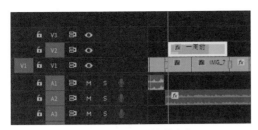

图9-111 复制并修剪文本

图9-112 修改文本

∨ 9.6.2 批量添加同期声字幕

由于本案例需要添加的同期声字幕较多，若采用逐个添加字幕的方式会比较麻烦。下面结合Photoshop为微电影批量添加同期声字幕，具体操作方法如下。

步 骤 01 在"节目"面板下方单击"导出帧"按钮 ◎ ，导出视频中的静止图像，如图9-113所示。

步 骤 02 在弹出的"导出帧"对话框中单击"浏览"按钮，选择图片保存位置，勾选"导入到项目中"复选框，单击"确定"按钮，如图9-114所示。

图9-113 单击"导出帧"按钮

图9-114 "导出帧"对话框

步 骤 03 使用Photoshop打开导出的图像，使用横排文字工具 T 输入一段字幕文本并设置文本格式，在上方的工具属性栏中单击"居中"按钮，设置文本居中对齐，如图9-115所示。

图9-115 输入文本并设置格式

217

步骤 04 打开"图层"面板，用鼠标右键单击文本图层，在弹出的快捷菜单中选择"混合选项"命令，如图9-116所示。

步骤 05 打开"图层样式"对话框，在左侧选择"描边"选项，在右侧设置"大小""位置""颜色"等参数值，单击"确定"按钮，如图9-117所示。

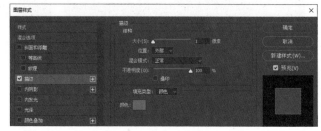

图9-116　选择"混合选项"命令　　　　　　　图9-117　设置"描边"样式

步骤 06 在"图层"面板中删除图片所在的图层，仅保留文字图层。选择"图像"|"变量"|"定义"命令，如图9-118所示。

步骤 07 在弹出的"变量"对话框中勾选"文本替换"复选框，输入任意英文字符，单击"下一个"按钮，如图9-119所示。

图9-118　选择"定义"命令　　　　　　　　图9-119　"变量"对话框

步骤 08 打开"字幕"文本素材，在第1行输入相同的英文字符，按【Ctrl+S】组合键保存文件，如图9-120所示。

步骤 09 在"变量"对话框中单击"导入"按钮，如图9-121所示。

图9-120　在第1行输入英文字符　　　　　　图9-121　单击"导入"按钮

步骤 ⑩ 在弹出的"导入数据组"对话框中单击"选择文件"按钮，如图9-122所示。

步骤 ⑪ 在弹出的对话框中选择字幕素材，单击"载入"按钮，如图9-123所示。

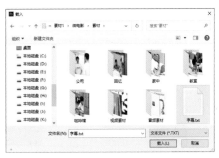

图9-122　单击"选择文件"按钮　　　　图9-123　选择字幕素材

步骤 ⑫ 返回"导入数据组"对话框，勾选下方的"将第一列用作数据组名称"和"替换现有的数据组"复选框，单击"确定"按钮，如图9-124所示。

步骤 ⑬ 此时在"变量"对话框中可以看到字幕数据已导入，单击"确定"按钮关闭对话框，如图9-125所示。

图9-124　勾选复选框　　　　　　　　图9-125　字幕数据已导入

步骤 ⑭ 选择"文件"|"导出"|"数据组作为文件"命令，在弹出的对话框中单击"选择文件夹"按钮，如图9-126所示。

步骤 ⑮ 在弹出的"浏览文件夹"对话框中选择导出目标文件夹，单击"确定"按钮，如图9-127所示。

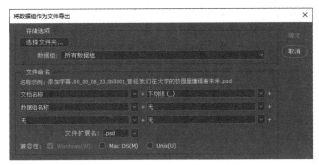

图9-126　单击"选择文件夹"按钮　　　图9-127　选择导出目标文件夹

步骤16 根据需要在"文件命名"选项组中设置导出文件的命名规则，在"文档名称"下拉列表中选择所需的"数据组编号"选项，单击"确定"按钮，如图9-128所示。

步骤17 开始导出所有字幕文件，如图9-129所示。

图9-128　设置文档名称　　　　　　　图9-129　导出字幕文件

步骤18 打开导出文件夹，查看导出的字幕文件，如图9-130所示。

步骤19 将包含字幕文件的文件夹拖至Premiere的"项目"面板中，在弹出的对话框中连续单击"确定"按钮，直到字幕文件全部导入，如图9-131所示。

图9-130　查看导出的字幕文件　　　　图9-131　将字幕文件导入"项目"面板中

步骤20 打开"字幕"素材箱，查看导入的字幕文件，如图9-132所示。

步骤21 在序列中将时间线定位到要添加字幕的位置，然后在"节目"面板下方单击"标记"按钮 添加标记，如图9-133所示。

图9-132　查看字幕文件　　　　　　　图9-133　在字幕位置添加标记

步骤 22 继续在所有要添加字幕的位置添加标记，注意不能有遗漏或多余的标记，如图9-134所示。

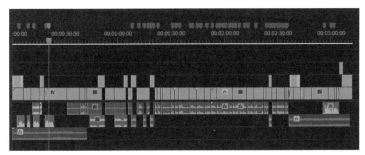

图9-134 继续在字幕位置添加标记

步骤 23 在序列中锁定视频轨道上的V1、V2、V3轨道，在"字幕"素材箱中选中第1个字幕，按住【Shift】键选中最后一个字幕，将所选字幕素材拖至下方的"自动匹配序列"按钮上，如图9-135所示。

步骤 24 弹出"序列自动化"对话框，设置"放置"为"在未编号标记"、"方法"为"覆盖编辑"，选中"使用入点/出点范围"单选按钮，单击"确定"按钮，如图9-136所示。

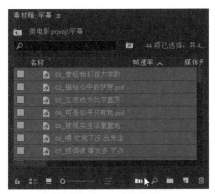

图9-135 自动匹配序列

图9-136 "序列自动化"对话框

步骤 25 此时即可按顺序将字幕素材添加到V4轨道上，并与标记对齐，如图9-137所示。

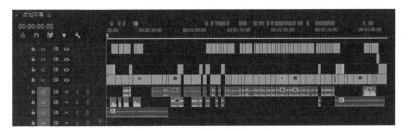

图9-137 在序列中添加字幕

步骤 26 在"节目"面板中预览添加的字幕效果，检查有无问题，如图9-138所示。

步骤 27 根据需要在序列中修剪每个字幕素材的出点，使其位于每句话的结束位置，如图9-139所示。

图9-138　预览字幕效果

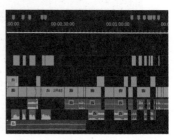

图9-139　修剪字幕素材的出点

9.7　导出影片并打包项目

微电影剪辑完成后，可以在Premiere中多看几遍，检查影片的整体节奏是否还需要进行调整，完成后导出最终的作品，并根据需要对项目文件进行打包。

↘ 9.7.1　导出微电影

完成微电影的编辑工作后，可以根据需要为微电影添加一些包装元素，如角标、水印、标题文字等，然后对微电影进行合成输出，具体操作方法如下。

步骤 01 在"项目"面板中复制"添加字幕"序列，并将其重命名为"最终效果"，如图9-140所示，双击该序列将其打开。

步骤 02 选择"文件"|"新建"|"旧版标题"命令，在弹出的"新建字幕"对话框中输入名称，单击"确定"按钮，如图9-141所示。

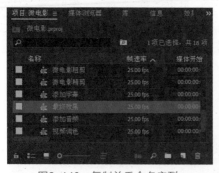

图9-140　复制并重命名序列

图9-141　"新建字幕"对话框

步骤 03 打开"字幕"面板，在画面右下方输入作品标题，并绘制形状进行修饰，然后关闭该面板，如图9-142所示。

步骤 04 将"视频标题"字幕拖至序列的V5轨道上，并调整字幕的长度，使其覆盖整个序列的视频画面，如图9-143所示。

图9-142 编辑字幕

图9-143 添加字幕

步骤05 在"效果控件"面板中设置"不透明度"为20.0%，如图9-144所示。

步骤06 展开V5轨道，在字幕的结尾位置添加关键帧并编辑"不透明度"动画，使字幕最终淡出消失，如图9-145所示。

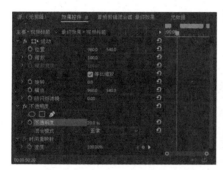
图9-144 设置"不透明度"参数值

图9-145 编辑字幕淡出动画

步骤07 在"时间轴"面板中选中"最终效果"序列，按【Ctrl+M】组合键打开"导出设置"对话框，在"格式"下拉列表中选择"H.264"选项，设置输出名称，如图9-146所示。

步骤08 选择"视频"选项卡，设置"目标比特率[Mbps]"为3，在左下方可以看到估计的文件大小，单击"导出"按钮，导出最终视频，如图9-147所示。

图9-146 "导出设置"对话框

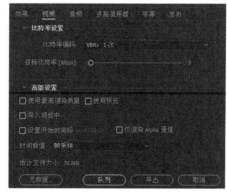
图9-147 设置目标比特率

↘ 9.7.2 打包项目文件

在使用Premiere制作商业项目后，最好对项目进行打包和整理，以免对项目进行再次修改时丢失素材。下面对"微电影"项目文件进行打包，方法如下。

步骤 01 选择"文件"|"项目管理"命令，打开"项目管理器"对话框，如图9-148所示。在"序列"选项组中选中要备份的序列，在"生成项目"选项组中选中"收集文件并复制到新位置"单选按钮，在"选项"选项组中勾选"排除未使用剪辑"复选框，单击"浏览"按钮选择保存位置，单击"计算"按钮估计生成项目大小，设置完成后单击"确定"按钮。

步骤 02 此时在目标位置将生成一个"已复制_微电影"的文件夹，其中包括了项目中用到的所有视频、音频、图片等素材和工程文件等。

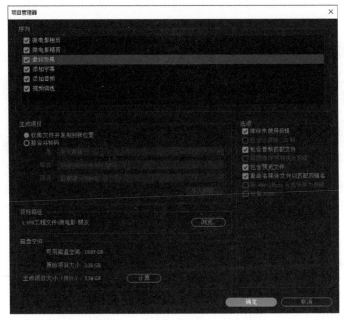

图9-148 "项目管理器"对话框

课后练习

打开"素材文件\第9章\课后练习"文件夹，使用提供的分镜头脚本和视频素材剪辑微电影片段。

关键操作：调整剪辑的剪切点，调整画面构图，添加与编辑音频。